Ursula Pollmann

PFERD UND MENSCH

Dr. Ursula Pollmann | mit Bildern von Christiane Slawik

PFERD UND MENSCH

Leitfaden für einen pferdegerechten Umgang

118 Farbfotos
4 Zeichnungen
2 Tabellen

Inhalt

Einleitung

Tausende von Jahren wird das Pferd nun schon vom Menschen genutzt. Vieles wurde und wird über Pferde geschrieben. Doch wenn man nach wissenschaftlichen Untersuchungen sucht – zum Beispiel zur Wahrnehmungsfähigkeit, Emotionalität und Kognition von Pferden –, findet sich erstaunlich wenig. Außerdem haben heutzutage viele Menschen den Kontakt zur Natur und den Tieren verloren. Der Mensch lebt und arbeitet heute zumeist nicht mehr wie früher mit seinen Pferden zusammen. Die Begegnungen sind vielmehr in einen engen Zeitrahmen gepresst und insbesondere oft von Erwartungen geprägt, welche die Tiere kaum erfüllen können. So werden die Pferde vom Menschen oft dem sportlichen Ehrgeiz oder Prestige geopfert, als Kompensator für Gefühlsdefizite überfordert oder durch die Haltung und Nutzung in einer hoch technisierten Umgebung überlastet.

Hinzu kommt, dass die Haltungsbedingungen trotz grundlegender Veränderung der Nutzung des Pferdes vom ganztägig geforderten Arbeitstier zum nur stundenweise genutzten Sport- und Freizeitpartner im letzten Jahrhundert noch weitgehend die gleichen geblieben sind. Die Folgen sind stundenlange Bewegungseinschränkung und Beschäftigungslosigkeit. Dem steht ein Mensch gegenüber, der nach einem arbeitsreichen Tag Erholung bei und mit seinem Pferd sucht. Bei dieser Kombination kann keine Harmonie entstehen! Und es sollte auch einleuchtend sein, dass sich aus dieser Konstellation neben gesundheitlichen Problemen leicht Frustration entwickelt – sowohl beim Pferd als auch beim Menschen.

Wenn dann früher oder später offensichtliche Probleme in der Mensch-Pferd-Beziehung auftreten, wird oft erst einmal nach schneller Hilfe von außen gesucht, die möglichst wenig aufwendige Lösungswege verspricht.

Manche Pferdebesitzer kommen aber schließlich irgendwann zur Erkenntnis, dass es keinen ein-

fachen Trick und kein Mysterium gibt, um mit Pferden gut auszukommen, sondern dass nur solides Wissen um die Natur dieses Tieres sowie angepasstes Verhalten vonseiten des Menschen weiterhelfen. All dies verlangt vom Menschen aber letztendlich Zeit, Geduld, Einfühlungsvermögen, Selbstbeherrschung und Konsequenz, was dem ursprünglichen Ansinnen des schnellen und einfach zu erreichenden Erfolgs gänzlich zuwiderläuft.

„Das Schwierigste an der Arbeit mit Pferden ist die Arbeit an sich selbst."
Timo Ameruoso

Wenn man unter diesem Aspekt die Arbeit der sogenannten „Pferdeflüsterer" betrachtet, wird man bei allen wie ein roter Faden durchgängig erkennen, dass sie versuchen, mehr oder weniger gut verpackt das Verhalten des Menschen gegenüber dem Pferd zu verändern. Das Verhalten der Pferde muss normalerweise nicht verändert werden!

Wer dem Aufwand immer noch skeptisch gegenübersteht, sollte sich klar machen, dass der Einsatz mit einem physisch und psychisch gesunden Pferd belohnt wird. Das gibt dem Menschen letztlich viel von der Energie zurück, die er auf dem Weg bis zum Erfolg hineingesteckt hat. In diesem Sinne sollen die nachfolgenden Kapitel Wissen, Denkanstöße und Hilfe vermitteln, um Missverständnisse oder Fehler zu vermeiden. Denn das Korrigieren von Fehlern oder das Wiederherstellen von verlorenem Vertrauen ist bekanntermaßen mit einem ungleich höheren Aufwand verbunden als gleich von vorneherein den richtigen Weg einzuschlagen.

Neben praktischen Erfahrungen finden sich in diesem Buch vor allem Informationen aus wissenschaftlichen Untersuchungen. Erstaunlich ist, dass trotz der langen Zeitdauer, die das Pferd nun schon mit dem Menschen gemeinsam verbringt, vieles wissenschaftlich noch nicht oder noch nicht abschließend geklärt ist. Da das Pferd aber aktuell verstärkt im Zentrum diverser wissenschaftlicher Fragestellungen steht, lohnt es immer, weiterhin für neue Erkenntnisse offen zu sein.

Sozialverhalten

Wenn sich der Mensch in das Sozialsystem des Pferdes einklinken will, muss er wissen, wie es funktioniert.

Pferde als Herdentiere mit komplexen sozialen Interaktionen haben ein natürliches Bedürfnis nach qualifizierter Führung. Qualifiziert bedeutet dabei, dass das Leittier in der Herde sehr sorgfältig ausgewählt wird. Dabei sind Aggressivität, Imponiergehabe und körperliche Stärke nicht die entscheidenden Auswahlkriterien. Wesentlich ist, dass die Pferde dem Leittier in jeder Lage vertrauen können. Pferde fordern diesbezüglich Klarheit, Entschlossenheit und auch eine gewisse mentale Stärke [125].

Pferde verfügen auch noch immer über stabile Instinkte und diverse Signale zum Aufbau und zur Sicherung einer sozialen Hierarchie (Rangordnung). Diese ist häufig nicht linear und muss in verschiedenen Situationen auch nicht identisch sein. Die Rangordnung wird unter den Artgenossen zumeist durch maßvollen Einsatz aggressiven Verhaltens stabilisiert, das jedoch vorwiegend als ritualisiertes Drohen (Anlegen der Ohren) verläuft. Dadurch werden Verletzungen weitgehend vermieden. Es gibt aber auch Herden, in denen das Alphatier mit offener Aggression herrscht. In solchen Herden beherrschen Nervosität und Unruhe das Verhalten und man kann am resignierten Ausdruck der Pferde erkennen, dass sie sich in dieser Situation nicht wohl fühlen.

Wenn der Mensch von seinem Pferd als qualifizierte Führungspersönlichkeit anerkannt werden will, das heißt, wenn das Pferd dem Menschen gerne und ohne Zwang folgen soll, muss er über ganz bestimmte Qualitäten verfügen: ruhiges Selbstvertrauen, Zuverlässigkeit, Beständigkeit und die Bereitschaft, möglichst keinen Druck auszuüben. Führungskompetenz zeigt sich insbesondere auch durch souveränes Auftreten sowie ruhige und gelassene Reaktionen in Grenzsituationen. Wenn der Mensch dabei mit wohldurchdachten Strategien völlig auf den Einsatz von Gewalt verzichten kann, erhöht dies noch die Akzeptanz und das Vertrauen. Die Pferde fühlen sich sicher und dadurch wohl. Es tut der eigenen Autorität keinen Abbruch, wenn man sich in besonderen Situationen und in gewissem Rahmen auch einmal auf das Verhalten des Pferdes einlässt. Manchmal kann man derartige Strategien auch von ganz besonderen Pferden lernen, wie das Beispiel im Kasten zeigt.

Um also ein Partner zu werden, dem die Pferde auch in schwierigen Situationen folgen, muss man sich keine speziellen Methoden oder Techniken aneignen oder über bestimmte Hilfsmittel oder Ausrüstungsgegenstände verfügen, sondern vor allem mit der richtigen Einstellung zum Pferd arbeiten. Zuneigung, Einfühlungsvermögen, Geduld und Fairness sind dabei die wichtigsten Faktoren. Und von Personen, die überdurchschnittlich gut mit Pferden umgehen können, ist einhellig ein weiterer wesentlicher Faktor zu hören und auch zu sehen: Die Arbeit muss sowohl dem Menschen als auch den Pferden Freude bereiten.

Linke Seite: Die Charaktereigenschaft Geselligkeit von Pferden wird schon früh erkennbar.

Lehrstunde einer wahren Führernatur

Aus Mark Rashid (2011): Denn Pferde lügen nicht (gekürzt) [138]

Als der Wallach Buck zum ersten Mal auf eine Koppel mit 35 Pferden gelassen wurde, kamen alle an, um den „Neuen" zu inspizieren. Er wurde beschnuppert und Hinterbeine wurden drohend gehoben. Doch Buck machte sich einfach auf den Weg zu einer Futterraufe und begann zu fressen. Indem er die anderen Pferde ignorierte, verloren diese bald ihr Interesse.

Nur Pete, der Herdenboss, war nicht so leicht abzuwimmeln. Er schlug mit den Vorderbeinen und keilte in die Richtung von Buck aus. Als einer der Schläge harmlos die Brust von Buck getroffen hatte, schlenderte dieser lässig davon. Pete verfolgte ihn, schnappte nach seinem Hinterteil und brachte ihn in langsamen Trab. Pete folgte ihm dabei dicht auf den Fersen. Während alle anderen Pferde in einer solchen Situation mit allen Anzeichen der Furcht so schnell wie möglich davonliefen, zeigte sich Buck eher belästigt als ängstlich. Soviel Druck Pete auch auszuüben versuchte, Buck blieb in seinem langsamen Trott. So brach Pete die Verfolgung ab und wanderte langsam zu seinem Lieblingsfutterplatz, wobei er auf dem Weg noch ein paar Pferde mit angelegten Ohren und dem gewohnten Erfolg verjagte.

Buck blieb ein paar Minuten für sich und schien die Herde zu beobachten, die mit Fressen beschäftigt war. Auf der Koppel standen sechs große Futterraufen, alle mit Heu gefüllt und an allen standen mehrere Pferde – an allen außer der, an der Pete stand: Dort waren nur drei Pferde. Buck schien seine Möglichkeiten abzuwägen und zur Schlussfolgerung zu gelangen, die Raufe zu nehmen, an der die wenigsten Pferde versammelt waren. Nachdem dieser Entschluss feststand, schlenderte er langsam zur Raufe, an der Pete stand. Er war bis auf circa 25 Meter herangekommen, als Pete plötzlich herumwirbelte und ihn mit angelegten Ohren und entblößtem Gebiss angriff. Buck drehte ab und trabte ein paar Tritte, gerade genug, um Pete anhalten zu lassen. Pete schnarchte laut in Bucks Richtung, schüttelte die Mähne und kehrte zu seinem Futter zurück. Buck wartete ein paar Minuten und wanderte dann langsam wieder zu der Raufe zurück. Wieder griff Pete an und wieder trottete Buck ein paar Tritte davon. Das ging etwa ein halbe Stunde so weiter. Buck verdarb so auf eine ganz ruhige Art Pete das aggressive Verhalten und strengte sich dabei sehr wenig an. Während sein Vor-und-Zurück nur auf einer Fläche von circa 5 Metern Durchmesser stattfand, rannte Pete jedes Mal mindestens 35 Meter hin und wieder zurück. Pete war deshalb schweißnass.

Nach dieser halben Stunde ging eine Veränderung vor sich. Wenn Buck näher kam, riss Pete nur noch den Kopf aus dem Futter und schüttelte ihn auf und ab. Das ließ Buck erstarren, bis Pete sich wieder dem Futter zuwandte. Dann kam Buck wieder näher, Pete riss den Kopf hoch und „nickte". Buck blieb stehen. Pete fraß wieder und das Spiel begann von vorne. Auf diese ruhige, aber höchst beständige Art hatte es Buck nach einer weiteren halben Stunde nicht nur geschafft, sich an die Raufe heranzuarbeiten, er fraß auch daraus, mit Pete an seiner Seite.

So war es Buck gelungen, sein Ziel zu erreichen, ohne auch nur einmal Gewalt anzuwenden – nicht einmal, wenn Gewalt gegen ihn angewandt wurde. Dabei war er während des gesamten Vorgangs völlig ruhig und konsequent vorgegangen und hatte nur so viel Energie verbraucht, wie absolut notwendig war. Im Gegensatz dazu hatte Pete so viel Zeit und Energie vergeudet, dass es schließlich einfacher war, Buck mitfressen zu lassen, als dauernd zu versuchen, ihn zu verjagen.

Charaktereigenschaften von Pferden

„Temperament" wird als biologische beziehungsweise genetische Grundlage beschrieben, auf der sich letztlich die Persönlichkeit oder auch der Charakter als Ergebnis von Umwelteinflüssen und Erfahrungen aufbaut [50]. Das Temperament umfasst damit die emotionale Veranlagung zur Art und Weise, wie auf Umweltreize reagiert wird [153].

Der „Charakter" als Kombination aus vererbten und erworbenen Eigenschaften macht somit die individuelle Besonderheit eines Pferdes aus. Wie beim Menschen haben auch beim Pferd die Erfahrungen während der Jugendentwicklung einen höheren Anteil an der Formung des Charakters als spätere Einflüsse. Eine Untersuchung zeigte, dass es zum Beispiel möglich ist, den Grad der Eigenschaft „Geselligkeit" eines Pferdes bereits in einem Lebensalter von acht Monaten zu bestimmen. Zusätzliche Analysen ergaben aber auch, dass die Charaktereigenschaft Geselligkeit mit zunehmendem Alter geringer wird [91].

In einer Untersuchung an 224 Wallachen, die unter denselben Bedingungen lebten, aber von verschiedenen Personen betreut wurden, konnte die Reaktion der Pferde auf das plötzliche Auftauchen einer unbekannten Person dem jeweiligen Pferdepfleger zugeordnet werden. Jeder Pfleger war für sieben bis acht Pferde verantwortlich, und diese Pferde tendierten dazu, bei den durchgeführten Reaktionstests ähnlich zu reagieren. Diese Ergebnisse lassen vermuten, dass der tägliche Mensch-Pferd-Kontakt einen großen Einfluss auf die Art und Weise hat, wie Pferde den Menschen wahrnehmen.

Der Standort als multidimensionaler Faktor (Umgebungsbedingungen und menschliches Management) scheint einer der Hauptfaktoren der erworbenen Persönlichkeitsmerkmale adulter Pferde zu sein [53]. Er hat damit einen wesentlichen Einfluss auf die „Umgänglichkeit" von Pferden.

Neben den rassespezifischen charakterlichen Eigenschaften von Pferden, die unter anderem in den jeweiligen Rassebeschreibungen zu finden sind, ist zu beachten, dass bei deren Ausprägung auch das Geschlecht eine Rolle spielt. In einer diesbezüglichen Studie wurden Jährlingsstuten als aggressiver, angespannter, leichter erregbar, launischer, ängstlicher und weniger umgänglich bewertet als gleichaltrige Wallache, denen demgegenüber schnelleres Lernen und leichtere Desensibilisierung attestiert werden konnte [33].

Um das Temperament von Pferden individuell zu bewerten, stehen die Eigenschaften „gelassen" oder „nervös" und „ausgeglichen" oder „fahrig" zur Wahl. Der Charakter kann anhand folgender Dimensionen von Eigenschaften bewertet werden: bedächtig oder verspielt, scheu oder kontaktfreudig, sanft oder stürmisch, gefällig oder eigenwillig und freundlich oder tückisch. Getestet werden können diese Eigenschaften an der Reaktion der Pferde in einer ihnen bekannten Umgebung auf unbekannte Gegenstände (Novel Object Test), Schreckreize (Startling Test) und unbekannte Personen mit Variationen in der Annäherung, dem Folgen, dem Weichen und der Berührung [153].

Aufgrund der frühen Formung des Charakters ist es am günstigsten, wenn man beim jungen Pferd erwünschte Eigenschaften fördert und unerwünschte erst gar nicht zur Ausprägung kommen lässt. Das setzt voraus, dass man die jeweilige genetische Veranlagung eines Pferdes kennen und sich beim Umgang mit ihm von Beginn an danach richten sollte. Weiter bedeutet das, dass man sich nur ein solches Pferd zu Eigen machen sollte, mit dessen Veranlagung man auch umgehen kann beziehungsweise dem man das Umfeld bieten kann, das es braucht. Hierbei ist der ehrliche Umgang mit den eigenen Fähigkeiten gefragt. Ansonsten sind Probleme vorprogrammiert! Man sollte sich also grundsätzlich nur ein Pferd aussuchen, das die eigene Persönlichkeit im positiven Sinne ergänzt; das heißt, dass sich zum Beispiel ein nervös veranlagter Mensch eher ein gelassen veranlagtes Pferd aussuchen sollte. Generell sollte das Pferd keine wesentlich stärkere Persönlichkeit haben als man selbst.

Mit der „Unterlegenheitsgebärde“ demonstrieren Fohlen ihren Respekt gegenüber älteren Artgenossen.

Da genetische Einflüsse zu unterschiedlicher Empfindlichkeit gegenüber denselben Umgebungsbedingungen führen können, gibt es prinzipiell kein gutes oder schlechtes Pferdetemperament – wie häufig bezeichnet –, sondern nur verschiedene Typen von Pferden, die dementsprechend angepassten Umgang und Ausbildungsmethoden benötigen [50]. So verlangen manche Pferde vom Menschen eine ausgeprägte Autorität und fachlich besonders korrektes Verhalten für ihre erfolgreiche Ausbildung und ihren problemlosen Umgang. Häufig werden solche Pferde zu Unrecht als schwerrittig abgestempelt, obwohl es sich dabei oft um überaus leistungsfähige Tiere handelt. Dass nicht selten Kinder mit solchen Tieren zurechtkommen, lässt sich durch die eindeutigen Rangverhältnisse zugunsten des Pferdes und durch die geringen Anforderungen, die von den Kindern an das Pferd gestellt werden, erklären.

Schwierig wird die Situation nur dann, wenn aus den Kindern jugendliche Reiter mit entsprechenden Ambitionen werden, und die Rangverhältnisse nicht mehr so klar sind. Wenn die Pferde dann mit verändertem Verhalten reagieren, kann es leicht zu scheinbar plötzlich auftretenden Schwierigkeiten und infolgedessen Frustration bei den Reitern führen [150].

In diesem Zusammenhang sei erwähnt, dass die Pferdezucht derartig starke Pferdecharaktere bewusst ausselektiert hat, insbesondere seit die Pferde weitgehend „nur“ noch zu Sport- und Freizeitzwecken genutzt werden. Dabei ist es fraglich, ob dies letztendlich zum Wohle der Pferde geschehen ist, wenn diese fast alle fachlichen Mängel der Reiter weitgehend widerstandslos hinnehmen. Viele Pferde sind zwischenzeitlich sogar so duldsam, dass sie selbst auf schmerzhafte und schadensträchtige reiterliche Aktionen keine adäquate Abwehr mehr zeigen. Somit lassen sie die Menschen – die zudem die feinen Signale der Pferde nicht erkennen – glauben, das Richtige zu tun. Dabei nehmen die Menschen den in diesem Fall leicht erfolgenden Übergang zur erlernten Hilflosigkeit nicht wahr oder betrachten diesen Zustand der Teilnahmslosigkeit sogar als Normalverhalten (detaillierte Hinweise zu diesem Zustand siehe unter Kapitel Emotionen und Gefühle).

Deshalb sollte auch die Zucht immer wieder einmal unter ethischen Gesichtspunkten hinterfragt werden. Die praktizierte Selektion von Pfer-

Aufgrund von geringen Anforderungen und klaren Rangverhältnissen kommen Kinder mit Pferden gut zurecht.

den ist insbesondere deshalb kritisch zu bewerten, weil dadurch die Anstrengung und Motivation von Reitern und Trainern, ihre Fähigkeiten zu verbessern und zu verfeinern, nicht mehr erforderlich scheint [112]. Dabei ist es in hohem Maße unsportlich, vom Pferd zu viel und vom Reiter zu wenig zu verlangen!

Pferdefreundschaften

Als Freundschaft wird allgemein die freiwillige und wechselseitige, nicht sexuell motivierte, soziopositive Bindung zwischen nicht verwandten Individuen bezeichnet. Sie ist primär dyadisch und besitzt für beide Beteiligten einen subjektiven Wert: Sicherheit und körperliches Wohlergehen. Die Freundschaftsbeziehung ist somit durch einen positiven Affekt (Sympathie) gekennzeichnet und äußert sich in einer beständigen, interindividuellen Präferenz [169].

Pferde bilden Freundschaften vorwiegend in Form von Zweier- oder Dreier-Beziehungen. Die der Rangordnung entsprechenden Ausweichdistanzen werden zwischen befreundeten Individuen abgebaut. Freundschaftlich verbundene Pferde kann man häufig beim Ruhen in antiparalleler Stellung nah beieinander stehen sowie Kopf-an-Kopf fressen sehen. Die Stabilität einer Gruppe und auch von Freundschaften setzen dabei das individuelle Erkennen der Artgenossen beziehungsweise Gruppenmitglieder voraus [115].

Jedes Pferd in einer Gruppenhaltung sollte mindestens einen Partner haben, mit dem eine derartige freundschaftliche Beziehung besteht. Da die üblichen Gruppenhaltungen keine gewachsenen Herden sind, wie dies unter naturnahen Bedingungen der Fall ist, sondern nach menschli-

Kopf-an-Kopf-Fressen zeigt die freundschaftliche Bindung von zwei Pferden an.

Auch bei Einzelhaltung sollten benachbarte Pferde verträglich sein.

chem Ermessen zusammengestellte Gruppierungen, kann es passieren, dass ein Pferd ohne freundschaftliche Beziehung darin „allein" ist – mit allen negativen Konsequenzen wie Stress, Unruhe, Angst.

Faktoren, die Freundschaften begünstigen sollen – wie zum Beispiel Rasse, Farbe oder Alter – haben sich bisher wissenschaftlich als nicht relevant erwiesen [169]. Verschiedentlich wird empfohlen, Pferdegruppen nur in gerader Anzahl zusammenzustellen, um der Paarbildung Genüge zu tun. Doch das ist keine Garantie dafür, dass auch jedes Pferd einen passenden Partner findet – wenn man Pech hat und insbesondere auch bei kleiner Gesamtanzahl an Pferden, kann die Gruppe nur aus Einzelindividuen bestehen.

Der Mensch sollte Pferdefreundschaften nicht ohne triftigen Grund trennen. Nicht akzeptabel ist dies insbesondere, wenn es aus egoistischen Motiven des Menschen geschieht – wie zum Beispiel

Die soziale Fellpflege zeigt die soziale Bindung an und fördert das Wohlbefinden.

im Fall von Pferden, die aus gut harmonierenden Gruppen wieder in Einzelhaltung verbracht werden mussten, nur weil der Besitzer von ihnen nicht mehr „begrüßt" wurde.

Andererseits gibt es auch unter Pferdeindividuen Unverträglichkeiten, die sich auch unter besten Haltungsbedingungen und nach angemessen langer Eingewöhnungszeit nicht zu einem akzeptablen Zustand verändern lassen. Sobald dies absehbar ist, müssen solche Pferde in getrennten Haltungsbereichen untergebracht werden, um Unruhe, Stress und Verletzungsgefahr zu vermeiden. Dies gilt nicht nur für Pferde in Gruppenhaltung, sondern ebenso für solche in benachbarten Einzelboxen!

Geringer ausgeprägte Unverträglichkeiten machen sich oft nur im (enger begrenzten) Stall und Paddock bemerkbar, während sie auf der Weide kaum in Erscheinung treten. Aus diesem Grund kann eine Integration von neuen Pferden in eine Gruppe auf der Weide trügerisch sein, wenn man sich allein auf den dort vorhandenen Eindruck von Harmonie verlässt.

Soziale Fellpflege (Grooming)

Bei vielen Tierarten erzeugt die rhythmische Massage an den richtigen Körperstellen eine entspannende Reaktion. Beim Pferd wurde festgestellt, dass kräftiges Schubbern im Bereich um den Widerrist die Herzfrequenz, den Blutdruck und den Stresshormonlevel erniedrigt. Phasen von gegenseitiger Körperpflege dienen in zahlreichen Studien über Pferdeverhalten als Maß für soziale Bindung. Eine entsprechende taktile Stimulation können Pferdehalter als positive Verstärkung im Training, zur Desensibilisierung vor angsteinflößenden Reizen, zur Verbesserung der Bindung und sogar zur Verbesserung der Gesundheit nutzen.

Wenn das Pferd dann allerdings den Menschen ebenfalls schubbert und dabei – wie bei den Artgenossen – die Zähne einsetzt, darf das nur sanft unterbunden, jedoch keinesfalls bestraft werden. Das kann das Pferd sonst nicht verstehen [15]. Hier besteht eine große Gefahr von Missverständnissen, wenn der Mensch den Einsatz der Zähne in diesem Fall als aggressives Verhalten fehldeutet oder seine soziale Position gefährdet sieht. Da der Initiator der sozialen Körperpflege bei Pferden sowohl ranghöher als auch rangniedriger sein kann, sollte sich der Mensch diese Verhaltensweise zur Beruhigung von Pferden zunutze machen, ohne dass dies seiner sozialen Position abträglich wäre. Schon das übliche Putzen des Pferdes mit Striegel und Bürste an den entsprechenden Körperregionen wird von den Pferden als Grooming empfunden.

Die bevorzugte Groomingfläche befindet sich am oberen Hals und Widerrist. Experimente zeigten, dass nur Grooming in dieser Region die Herzfrequenz des Empfängers reduziert, während dies an einer anderen Stelle nicht der Fall ist. Dieses Ergebnis war sowohl bei Fohlen als auch ausgewachsenen Pferden gleichermaßen ausgeprägt [35].

Soziale Einflüsse des Groomings

In Untersuchungen wurde festgestellt, dass

- Fohlen ab einem Alter von vier Wochen dieses Verhalten zunehmend zeigen,
- eine große individuelle Varianz bei der Häufigkeit des Groomings besteht,
- Stutfohlen häufiger groomen als Hengstfohlen,
- in gewachsenen Herden verwandte Tiere häufiger miteinander groomen als nicht verwandte,
- meist mit Partnern von ähnlicher Rangposition gegroomt wird,
- nur 38 Prozent der Grooming-Interaktionen vom dominanteren Partner begonnen wird,
- der dominantere Partner meistens das Groomen beendet und
- das Groomen der Beschwichtigung und dem Aggressionsabbau dienen kann.

Neben sozialen Faktoren wird die Häufigkeit des Groomens vor allem auch durch die Jahreszeit und das Wetter beeinflusst, was wahrscheinlich mit dem Fellwechsel und der Insektenbelastung in Zusammenhang zu bringen ist [167] [180].

Der Mensch in der sozialen Hierarchie der Pferde

Führungsqualität des Menschen spiegelt nicht notwendigerweise athletische Fähigkeiten, Aggressivität oder Intelligenz wider. Es ist eine eigene Persönlichkeitscharakteristik (Charisma), die manchen Menschen von Natur aus gegeben scheint und die andere auch bei größter Anstrengung nie völlig erreichen können. Man kann aber durch bewusstes Arbeiten an sich selbst sein Verhältnis zum Pferd durchaus zum Positiven verändern.

Der Mensch ist nur dann in der Lage, die Rolle des Leittieres zu übernehmen, wenn er sich auf die gesamte Wahrnehmungswelt der Pferde einstellt. Interessanterweise beobachten Pferde genau, wie Menschen ihre Artgenossen behandeln und wie diese sich dem Menschen gegenüber verhalten. Oft übernehmen sie dann das Verhalten ihrer Gruppenmitglieder. Hierbei orientieren sich Pferde offensichtlich stärker an gut bekannten als an unbekannten Pferden und Personen [81].

Pferde lassen sich nicht mit Leckerli, Streicheleinheiten oder netten Worten die Freundschaft und schon gar nicht den Respekt erkaufen. Die Tatsache, dass der Futtermeister, Pferdepfleger oder Leckerli gebende Pferdebesitzer von den Tieren mit „freudigem" Wiehern begrüßt wird, hat nichts damit zu tun, wie die Pferde diesen Menschen rangmäßig einordnen.

Was das Ein- und Unterordnen anbelangt, verhalten sich Stuten bei der Ausbildung anders als Hengste. Während Auseinandersetzungen zwischen Hengsten spektakulärer sind, hinterlassen sie anschließend aber weitgehend klare Verhältnisse. So zeigen Hengste auch während der Ausbildung ihre Position deutlicher als Stuten. Hat man gegenüber einem Hengst die Alpha-Position jedoch einmal erreicht, so hat diese Klarstellung einen vergleichsweise stabilen Charakter. Besonders unverkennbar zum Ausdruck kommt die soziale Stellung des Menschen (Tierlehrers) bei der Freiheitsdressur mit Hengsten. Stuten sind dagegen – bei allen individuellen Unterschieden – vordergründig sanfter, behaupten sich aber hinhal-

Manchen Menschen folgen Pferde ohne großen Aufwand, andere müssen sich Führungsqualitäten erst erarbeiten.

Bei der Arbeit vom Boden ist es für Mensch und Pferd einfacher, sich zu verständigen.

tender und versuchen immer wieder, sich durchzusetzen, ohne es in der Regel zu ernsthaften Auseinandersetzungen kommen zu lassen [150].

Bei der Reiterei überlassen es die Menschen häufig den Pferden, sich auf die Verhaltensweisen des Menschen einzustellen. Obwohl dies die Pferde durch ihre sensible Wahrnehmung des Verhaltens des Menschen relativ gut beherrschen, kommt es dadurch dennoch häufig zu Missverständnissen – sowohl beim Menschen, als auch bei den Pferden. Je konsequenter und berechenbarer jedoch der Reiter für das Pferd ist, desto deutlicher erfährt und akzeptiert es den Menschen als ranghöheren Partner. Dies verlangt vom Menschen aber innere Ausgeglichenheit und Selbstbeherrschung sowie das Unterlassen von Affekthandlungen. Das Pferd spürt negative Emotionen des Menschen ebenso untrüglich wie Zuneigung – selbst im Augenblick hoher Anforderung und auch des Tadels. In einem auf solidem Vertrauen aufgebauten Verhältnis zwischen Mensch und Pferd kann der Mensch dem Pferd dann auch gewisse Freiräume zugestehen, ohne seine Stellung zu gefährden [150].

Viele Pferdebesitzer wünschen sich, dass ihr Pferd hochrangig ist. Doch die damit möglicherweise verbundene Annahme, dass sich der soziale Rang auf entsprechende Leistungen auswirkt, hat sich in Experimenten nicht bestätigt [115]. Sicherlich wird oft nicht bedacht, dass hochrangige Tiere vom Menschen einiges mehr an mentaler Stärke verlangen als rangniedere. Pferde können den Menschen zwar in ihren Verband integrieren; doch man muss wissen, dass sie – bereits beim Erstkontakt – durch feinste nonverbale Signale die Stellung jeder Person prüfen. Wer wen führt kommt dann schnell zum Vorschein [18]. Menschen werden von Pferden keineswegs von vorneherein als etwas Höherstehendes eingeordnet, wie dies oft fälschlicherweise angenommen wird. Manches und bis zu einem gewissen Grade tun Pferde nur aus Toleranz und Gutmütigkeit, wie sie dies ebenso mit Artgenossen machen [150]. Doch in Situationen, in denen es schwierig oder auch unangenehm wird, zeigt es sich schnell, wer über wem steht.

Linke Seite: In solchen Situationen souverän und ruhig zu reagieren ist nicht leicht, aber die einzig sinnvolle Maßnahme.

Gerade in schwierigen Situationen muss sich der Mensch richtig verhalten, um dem Pferd zu zeigen, dass es sich auf ihn verlassen kann. Leider muss man aber immer wieder beobachten, dass das Gegenteil geschieht. Wenn ein Pferd zum Beispiel an der Hand des Menschen aufgrund eines plötzlichen oder unbekannten Ereignisses erschrickt und nervös herumtänzelt, wird es oft durch heftiges Ziehen am Führstrick, laute Worte oder gar Schläge gemaßregelt. Aus der Sicht des Pferdes ist der Mensch in dieser Situation dann aber offensichtlich genauso aufgeregt, woraus es nur schließen kann, dass er die Lage nicht im Griff hat und Flucht angesagt ist. Durch Strafmaßnahmen des Menschen wird die ursprüngliche Angst zusätzlich noch vergrößert und gegebenenfalls bereits vorhandenes Vertrauen zerstört.

Manche Menschen machen aber auch den Fehler, Pferde (oder auch allgemein Tiere) in ihrer Angst unbewusst zu bestärken, indem sie sie streicheln und mit Worten wie „braves Pferd" zu beruhigen versuchen, tatsächlich aber damit für ihr Angstverhalten loben. Selbst wenn die Gesten und Worte ruhig ausgedrückt werden können – was zumeist nicht der Fall ist –, wird dem Pferd damit nur bestätigt, dass es völlig zu Recht Angst hat, und es wird sein Verhalten nicht ändern!

Bleibt der Mensch in derartigen Situationen aber völlig ruhig stehen und lässt das Pferd gegebenenfalls einfach nur kurzzeitig abreagieren, indem es am Strick im Kreis um ihn herumläuft, wird es innerhalb kurzer Zeit merken, dass es am anderen Ende des Führseils die nötige Hilfe aus seiner Angst finden kann. Indem sich der Mensch in dieser Lage unbeeindruckt zeigt, demonstriert er seine Führungsqualität und das Pferd wird sich ihm zuwenden und rasch beruhigen [138].

Wahrnehmung

Wenn der Mensch davon ausgeht, dass das Pferd die Umwelt genauso wahrnimmt wie er selbst, sind Probleme vorprogrammiert.

Mit dem Flehmen nehmen Pferde dem Menschen unzugängliche Informationen auf.

Pferde verfügen in vielen Bereichen über eine leistungsfähigere Wahrnehmung als der Mensch. Da das Gehör und der Geruchssinn beim Pferd im Gegensatz zum Menschen äußerst gut entwickelt sind, besteht gerade in diesem Bereich eine große Gefahr für Missverständnisse. Pferde haben zudem die außergewöhnliche Fähigkeit, selbst kleinste und für unsereins unwesentliche Veränderungen in der ihnen vertrauten Umgebung wahrzunehmen und stets zunächst mit Vorsicht darauf zu reagieren. So können Pferde beim Ausritt höchst erregt darauf reagieren, wenn am üblichen Weg eines Tages Holzstämme aufgeschichtet liegen. Erwartungsgemäß sind diese Stämme keine Reaktion mehr wert, nachdem die Pferde einige Male daran vorbeigegangen sind. Nicht unbedingt rechnet man allerdings damit, dass sich dies sofort wieder ändert, wenn die Stämme wieder weg sind.

Das Heimfindevermögen der Pferde beruht nach heutigen Erkenntnissen nicht auf einer Art innerem Kompass oder der Orientierung an den Sternen, sondern auf der Erinnerung an die optischen und zusätzlich möglicherweise an die olfaktorischen Wegmarken [115].

Der Mensch muss sich bewusst sein, dass Pferde alle Bewegungen sowohl in der Ferne als auch in der Nähe sowie in verdecktem Gelände wahrnehmen und mehr oder weniger stark darauf reagieren können. Pferde sollen auch Erdbeben lange vor dem Menschen wahrnehmen können [18] [167].

Pferde haben als Fluchttiere extrem gut entwickelte Sensoren für Anspannung und potentielle Gefahr und reagieren auch auf menschliche Verhaltensweisen und Stimmungen äußerst sensibel. Sie spüren oft früher als wir selbst, was wir empfinden – zum Beispiel Unsicherheit, Angst – und sie lassen sich von Äußerlichkeiten nicht täuschen [125]. Auch die lange Zeit vermutete Intelligenz des „Klugen Hans" – das Pferd, das angeblich rechnen konnte – bestand einfach in einem Lernvorgang. Dabei war die außergewöhnliche Aufmerksamkeit des Pferdes auf geringfügigste Zeichen und unbewusste Äußerungen seines Lehrmeisters und später auch des Publikums bei der Nennung des korrekten Ergebnisses der maßgebliche Faktor für den Erfolg [115].

Aufgrund dieser Fähigkeit ist es auch möglich, dass Pferde und Reiter unter Anwendung von feinsten Signalen kommunizieren können. Untersuchungen lassen andererseits darauf schließen, dass Pferde die Nervosität des Menschen erkennen können und sich entsprechend verhalten [21]. Und wer hat es nicht schon selbst erlebt? Wenn man am Gelingen einer Aufgabe – zum Beispiel Verladen – nur die geringsten Zweifel in sich verspürt, wird das Pferd diese registrieren und die Sache wird schwierig werden.

In einer wissenschaftlichen Untersuchung hat man Pferden einen Artgenossen gezeigt und dazu das Rufen eines anderen Artgenossen eingespielt. Die Pferde antworteten daraufhin schneller und schauten signifikant länger in die Richtung, aus der der Ruf kam, als wenn der Ruf zum gerade gesehenen Herdenmitglied passte. Dies zeigt, dass die Pferde bemerkt haben, dass hier eine nicht zusammenpassende Kombination vorlag. Dies bedeutet aber auch, dass bei Pferden eine Verknüpfung des Bildes von bekannten Individuen vorhanden zu sein scheint, die aus klanglichen und optischen sowie wahrscheinlich auch geruchlichen Sinnesempfindungen besteht [136]. Pferde erkennen so auch Menschen am Aussehen und der Stimme und haben Erwartungen an das individuelle Verhalten von ihnen bekannten Personen. Jede Abweichung wird registriert und kann zu Irritationen führen [145].

Interessant sind auch Ergebnisse aus Untersuchungen zur Wahrnehmung über eine bevorzugte Körperseite (sensorische Lateralität): Je nachdem, ob Tiere eine sensorische Links- oder Rechtslateralität zeigen – das heißt, sie benutzen bevorzugt Auge, Ohr und Nüster der linken oder der rechten Körperseite – kann man erkennen, ob sie mehr emotional oder rational reagieren. Denn Sinneseindrücke haben einen emotionalen Informationsgehalt, wenn sie vermehrt mit den linksseitigen Sinnesorganen aufgenommen und in der rechten, reaktiven Gehirnhälfte verarbeitet werden. Werden Sinneseindrücke dagegen vermehrt mit den rechtsseitigen Sinnesorganen aufgenommen und in der linken Gehirnhälfte verarbeitet, werden sie eher rational umgesetzt. Eine stark ausgeprägte, zunehmende sensorische Lateralität kann auf ein beeinträchtigtes Wohlergehen der Tiere hinweisen. Die sensorische Lateralität ist jedoch nicht mit der motorischen Lateralität (Händigkeit) identisch [82]. Allerdings sind in diesem Zusammenhang noch viele Fragen offen und entsprechende Untersuchungen notwendig.

Sobald in der Umgebung etwas Neues auftaucht, stellt das Pferd das Fressen umgehend ein und richtet alle Sinne auf die potentielle Gefahr aus.

Es ist also durchaus wichtig, sich mit der Wahrnehmungsfähigkeit des Pferdes intensiv zu beschäftigen, wenn man das Verhalten von Pferden richtig einschätzen beziehungsweise vor Überraschungen im Umgang mit Pferden gefeit sein will. Leider machen es sich viele Pferdebesitzer diesbezüglich einfach und bewerten für sie unverständliche Reaktionen als „Spinnerei", ohne zu bedenken, dass deren unreflektierte Abweisung oder gar Bestrafung vom Pferd nicht verstanden werden kann und zu Unsicherheit und Vertrauensverlust führt.

Der Sehsinn: Pferde sehen ihre Umgebung anders als der Mensch

Die Tierarten unterscheiden sich sehr, was die mögliche Informationsaufnahme durch den Sehsinn als auch die Interpretation des Gehirns mit dieser Information angeht. Doch da der Sehsinn beim Menschen eine so große Bedeutung hat, wurde dessen Bedeutung bei den verschiedenen Tierarten in der Forschung bisher wohl immer überbewertet. Wir Menschen verlassen uns stark auf unser exzellentes Tageslichtsehen für verschiedenste Informationen aus der Ferne und dem nahen Umfeld, im Zusammenhang mit sexueller Attraktion und bei der nonverbalen Kommunikation von Emotionen. Dabei übersehen wir wahrscheinlich oft die Tatsache, dass die meisten anderen Säugetierarten eher den Geruch oder auch das Gehör für diese Zwecke nutzen. So überwiegen in der ohnehin knappen Literatur über die Wahrnehmungsfähigkeit bei Pferden Untersuchungen zum Sehsinn, während die Sinne, die wahrscheinlich eine viel größere Bedeutung für diese Tierart haben, vernachlässigt wurden [146]. Doch auch zum Sehsinn des Pferdes gibt es noch viele Wissenslücken.

Das Auge des Pflanzenfressers sitzt seitlich am Kopf und hat querovale Sehschlitze.

Der Sehsinn ist ein Bereich, in dem es mit hoher Wahrscheinlichkeit Unterschiede zwischen Mensch und Pferd gibt. Es ist davon auszugehen, dass Pferde bei niedrigen Lichtpegeln gut sehen können, sie können auch Bewegungen gut erkennen und haben ein gutes Kontrastsehen, aber ein schlechtes Farb- und Detailsehen. Die Schwierigkeiten bei den Untersuchungen zur Wahrnehmungsfähigkeit zeigen sich deutlich in den mit unterschiedlichen Ergebnissen durchgeführten Tests zum Farbsehvermögen bei Pferden [24] [100] [155] [159]. Sicher ist derzeit nur, dass Pferde nur zwei verschiedene Sinneszellen für Farben haben (Peaks bei blau und gelbgrün), während der Mensch dafür drei hat.

Wie bei anderen Pflanzenfressern befinden sich die Augen bei Pferden an den Seiten des Kopfes, damit ein panoramaartiges Sichtfeld entsteht. Diese Art des Sehens wird durch horizontale (waagrechte) Pupillenschlitze unterstützt: Horizontale Konturen sind dadurch besonders scharf zu erkennen und störendes Licht von oben wird ausgeblendet. Die waagrechte Ausrichtung der Pupillenschlitze bleibt sinnvollerweise auch dann bestehen, wenn die Tiere zum Grasfressen den Kopf senken. All das hilft dem Pflanzenfresser, potentielle Fressfeinde früh zu erkennen und rechtzeitig zu fliehen [101].

Untersuchungsergebnisse an Pferden lassen auch vermuten, dass sie Gegenstände auf der Bodenoberfläche mit dem Sehsinn besser wahrnehmen als in höheren Positionen (über 70 Zentimeter) [46] [174]. Weiter hat man festgestellt, dass bestimmte Farben (gelb, blau, schwarz, weiß) auf dem Boden, wenn das Pferd das erste Mal damit konfrontiert wird, stärkere Meidereaktionen hervorrufen als andere Farben (grün, rot, braun, grau). Keine Reaktion auf alle Farben wurde festgestellt, wenn diese an einer Wand präsentiert wurden [45]. Begründen lässt sich diese Eigenschaft damit, dass sowohl das (zu prüfende) Futter als auch der mögliche Feind vorwiegend am Boden zu finden sind beziehungsweise waren [167]. Diese Eigenschaft sollte als wichtiger Faktor beim Umgang mit Pferden sowie im Training

Untersuchung zum gegenseitigen Erkennen bei Zebras [17]

Sind es wirklich die Streifen, wie oft behauptet wird? Dazu wurde mit einer Gruppe Zebras aus einem Zirkus folgendes Experiment durchgeführt:
Zunächst wurden Bilder und Filmaufnahmen von Zebras auf eine Leinwand in Lebensgröße projiziert. Nach dem Gewöhnen der Tiere an die Apparatur begannen die Experimente.
Zuerst wurde der Leithengst weggeführt und der übrigen Herde eine Filmsequenz ohne Ton von ihm auf die Leinwand gespielt. Zuerst näherte sich der nun der Ranghöchste dem Bild und berührte mit seinen Nüstern die Nüstern des abgebildeten Tieres. Er versuchte vergeblich, den Geruch des Artgenossen aufzunehmen, verlor aber dennoch nicht das Interesse. Er folgte allen Bewegungen des Artgenossen auf der Leinwand. Nach einigen Minuten beschnupperten auch die restlichen Tiere der Gruppe das abgebildete Zebra. Danach wurde der wieder kompletten Herde ein fremdes Zebra auf die Leinwand projiziert. Sofort näherte sich nun der Leithengst mit gestrecktem Hals und gespitzten Ohren und beschnupperte das Tier im Nüsternbereich. Im Gegensatz zum ersten Versuch kamen die übrigen Herdenmitglieder gleich dazu und berührten das abgebildete Tier neugierig. In einem weiteren Versuch wurde das rangniedrigste Zebra auf der Leinwand präsentiert, das von den anderen Herdenmitgliedern häufig gebissen wird. Zuerst näherte sich wieder der Herdenchef in gewohnter Weise, dann folgten die anderen und versuchten, dem Zebra auf der Leinwand in den Nacken zu beißen.
Damit war bewiesen, dass die Zebras den Artgenossen auf der Leinwand erkannten. Und da der Geruch in diesem Experiment keine Rolle spielte, wurde gefolgert, dass es ein optisches Merkmal, in diesem Fall das individuelle Streifenmuster sein müsste, woran sich die Zebras untereinander erkennen. Als Kontrolle für diese Schlussfolgerung wurde den Zebras dann noch ein Pferd auf die Leinwand projiziert. Das Verhalten war völlig anders: Die Zebras schauten interessiert auf die Leinwand, spitzten die Ohren, gingen vorsichtig auf das Bild zu und blieben dann aber in einem Abstand von etwa 2 Metern stehen.

berücksichtigt werden, insbesondere weil der Mensch im Gegensatz dazu eher auf Gegenstände in seiner Augenhöhe reagiert.

Weiterhin ist in diesem Zusammenhang wichtig zu wissen, dass Pferde die räumliche Position eines bedeutsamen Gegenstandes/Hinweises schneller erlernen als dessen visuelles Erscheinungsbild [64].

Pferde haben je nach Rasse auch nur einen mehr oder weniger schmalen Bereich, den sie mit beiden Augen abdecken und mit dem dadurch räumliches Sehen möglich ist. Dafür haben sie in der oberen Hälfte der Netzhaut eine reflektorische Schicht (*Tapetum lucidum*), wie sie zum Beispiel auch von Katzen bekannt ist. Dem Menschen fehlt diese Schicht. Sie verstärkt die Empfindlichkeit der Netzhaut für Licht, schwächt aber die genaue Wahrnehmung der Lichtquelle. Zusammen mit der ungewöhnlichen Größe der Pferdeaugen ergeben sich daraus Hinweise auf ein Lebewesen, das für das Dämmerungssehen gut ausgestattet ist [146].

Im Unterschied zum Menschen ist beim Pferd die Übertragung der aus den Augen aufgenommenen Reize überwiegend auf die jeweils gegenüberliegende Hirnhälfte verschaltet. Aus dieser anatomischen Besonderheit erklärt man die Tatsache, dass Pferde, die einen Gegenstand zum Beispiel nur mit dem rechten Auge wahrnehmen konnten, diesen nicht wiedererkennen, wenn sie ihn dann zum ersten Mal nur mit dem anderen Auge sehen [42].

Tierhalter sollten sich also darüber im Klaren sein, dass die Informationen, die sie über den Seh-

Die langen Sinneshaare unter den Augen schützen vor Verletzungen und dürfen keinesfalls entfernt werden.

sinn aufnehmen, beim Pferd nicht in gleicher Weise ankommen. Das Pferd hat ein viel größeres Gesichtsfeld, doch die Qualität des wahrgenommenen Bildes ist eine andere. Die Funktion des Sehsinns besteht beim Pferd möglicherweise vor allem im Warnen und nicht im Erkennen [146]. Diese Aussage wird allerdings durch eine Untersuchung zum gegenseitigen Erkennen von Zebras aus Bildern beziehungsweise Projektionen relativiert (siehe Kasten). Auch Versuche mit Ponys, die lernen können, diverse optische Zeichen zu unterscheiden (schwarz auf weißem Grund), sprechen für die Qualität des Sehens [40]. Diese Beispiele verbindet jedoch alle ein wesentlicher Faktor: der Kontrast. Dies bedeutet, dass ein deutlicher Kontrast (schwarz – weiß, blau – gelb, rot – weiß) vorhanden sein muss, wenn Pferde etwas sehen beziehungsweise erkennen sollen (zum Beispiel Weidezaun, Hindernisstange).

Das Gehör: hat beim Pferd höheren Stellenwert als beim Menschen

Obwohl Menschen ein relativ gutes Gehör haben, beschreiben sie bei Vorfällen oder Unfällen mit Pferden hauptsächlich das, was sie gesehen haben. Beim Menschen ist deshalb in diesem Zusammenhang der Begriff des „Augenzeugen" üblich. Wenn die Fragestellung aber genauer untersucht wird, kommt oft heraus, dass unerwartete Geräusche das „Fehlverhalten" des Pferdes ausgelöst haben.

Das Hörvermögen des Pferdes ist im niedrigen Frequenzbereich ähnlich dem des Menschen, es ist aber wesentlich besser im Hochfrequenzbereich (Pferd > 33 000 Hz, Mensch < 20 000 Hz). Pferde scheinen aber im Gegensatz zum Menschen und trotz der voneinander unabhängigen Beweglichkeit der Ohrmuscheln nicht in der Lage zu sein, kurze hochfrequente Geräusche lokalisieren zu können. Deshalb werden scharfe beziehungsweise kurze hochfrequente Geräusche wie zum Beispiel das Knacken eines Astes als unspezifischer Alarm beantwortet und sind Auslöser einer reflektorischen Abwehrreaktion, beim Pferd normalerweise in Form von Flucht [146].

Zur Wahrnehmung leiser Geräusche gibt es unterschiedliche Angaben in der Literatur. Dass das Gehör des Pferdes speziell bei der Wahrnehmung leiser Geräusche dem des Menschen überlegen ist [115], wäre für ein Beutetier gegenüber seinem Jäger biologisch durchaus nachvollziehbar. Die Erstellung eines Audiogramms (Messreihen aus Wertepaaren von Lautstärke und Frequenz) an drei an einer Versuchsapparatur trai-

Die Ohren haben bei Pferden neben der Schallwahrnehmung auch eine bedeutende Funktion bei der Kommunikation.

Auch in einer vertrauten Situation bleiben die Ohren stets „auf Empfang".

nierten Pferden hat allerdings ergeben, dass diese im Vergleich zum Menschen etwas weniger sensitiv bei geringer Lautstärke sind [55]. Inwiefern sich diese Audiogramme von Mensch und Pferd jedoch direkt vergleichen lassen ist fraglich, da Hörtests beim Menschen mit Kopfhörern und bei den Pferden mit Lautsprechern in einer gewissen Distanz von den Ohren durchgeführt wurden. Auch in diesem Bereich bedarf es sicher noch weiterer Untersuchungen. Wenn die abnehmende Hörfähigkeit im Hochfrequenzbereich beim ausgewachsenen Menschen in Betracht gezogen wird, besteht bei dieser Sinneswahrnehmung wohl eine große Diskrepanz zwischen Mensch und Pferd.

Der Hörbereich des Pferdes ist breit und deckt den Bereich der menschlichen Stimme besser ab als dies beispielsweise beim Hund der Fall ist. Vorausgesetzt, das Pferd ist auf spezielle Hinweise trainiert und außerdem auch motiviert, auf diese zu reagieren, können die stimmlichen Hinweise von sehr niedriger Intensität sein, insbesondere wenn man direkt neben dem Pferd steht. Der Mensch muss sich beim Stimmeinsatz nur immer darüber im Klaren sein, dass mit der Stimme ebenso Emotionen ausdrückt werden. Dies bedeutet, dass Frequenz und Volumen der Stimme sich verändern, wenn der Sprechende zum Beispiel ängstlich oder erregt ist. Für den Menschen stellt es ein kaum zu erreichendes Maß an Selbstbeherrschung und Übung dar, mit einer ruhigen Stimme zu sprechen, wenn er nicht ruhig ist [146].

Es ist in diesem Zusammenhang wiederum erstaunlich, dass über das Hörvermögen exotischer Tiere – zum Beispiel Elefanten, Pinguine oder Fledermäuse – mehr Kenntnisse vorhanden sind als über das der Hauspferde. Ein weiterer noch weitgehend unerforschter Bereich ist die Fähigkeit von Pferden, bestimmte Laute mit entsprechenden Konsequenzen zu verknüpfen. In Reitschulen hören die Pferde offenbar eher auf die verbalen Kommandos des Reitlehrers in der Mitte als auf die unkoordinierten Signale der Reitschüler. Dass Pferde rasch lernen können, bestimmte Geräusche mit Vorkommnissen zu verknüpfen, zeigt folgendes Beispiel: Ein Pferd reagierte noch Jahre auf das Fahrgeräusch des Autos desjenigen Tierarztes mit Aufregung, der bei ihm einen schmerzhaften Eingriff vorgenommen hat.

Pferdehalter müssen sich darüber bewusst sein, dass Pferde über eine Menge hochfrequenter Informationen aus ihrer Umwelt verfügen, die dem Menschen fehlen. Manche unerklärliche Reaktion oder das sogenannte „Geistersehen" kann darin begründet sein. Pferdehalter müssen deshalb lernen, aus dem Verhalten der Pferde solche Wahrnehmungen zu „lesen". Gegebenenfalls müssen sie den Pferden versichern, dass der menschliche Beschützer die Quelle des Alarms bewältigen kann. Die Stimme des Tierhalters ist ein sehr nützliches Hilfsmittel zur Beruhigung. Der Mensch muss nur darauf achten, dass der Klang der Stimme – einschließlich aller sonstigen Elemente der nonverbalen Kommunikation – sich nicht unbewusst ändert beziehungsweise etwas anderes ausdrückt als die gesprochenen Worte [146].

Abschließend noch ein Hinweis zu den Haaren in den Ohren. Auch diese erfüllen einen Zweck, indem sie Schmutz und Insekten vom äußeren Gehörgang fernhalten. Deshalb dürfen die Ohren nicht aus falsch verstandenen Schönheitsidealen oder Pflegemaßnahmen ausrasiert werden.

Der Geruch: ein viel zu wenig beachteter Sinn des Pferdes

Der Geruchssinn ist nach übereinstimmender Aussage der meisten Pferdekenner der wichtigste Sinn des Pferdes. Mehr als Menschen sicherlich oft bedenken, haben Gerüche großen Einfluss auf das Verhalten des Pferdes. Bei der Nahrungsaufnahme und insbesondere auch im sozialen Austausch mit Artgenossen gewinnt das Pferd über den Geruchssinn hochrelevante Informationen. Insbesondere bei Tierärzten und Schmieden finden Pferde aber auch Gerüche, die stärksten Widerstand hervorrufen können [32].

Während Menschen das Gegenüber einschätzen und erkennen, indem sie sich ins Gesicht sehen, finden die Begrüßung und das Zuordnen bei Pferden durch das antiparallele Nebeneinanderstehen und Beriechen des Bauches statt [146]. Dieses Verhalten sollte der Mensch bei ersten Begegnungen mit Pferden berücksichtigen, indem er zum Beispiel den Handrücken zum Beriechen anbietet und nicht – wie oft zu sehen ist – dem Pferd das Gesicht zu streicheln versucht.

Geruchsreize haben den Vorteil, dass diese Informationen sowohl Tag als auch Nacht zur Verfügung stehen und der Verursacher des Duftes nicht anwesend bleiben muss. In gewissem Sinn bieten Duftmarken somit den Tieren das, was Schriften dem Menschen bieten.

Der große Umfang der mit Riechzellen ausgestatteten Schleimhaut in den Nasenhöhlen bei Pferden lässt vermuten, dass flüchtige Geruchsstoffe bei diesen Tieren einen viel bedeutenderen Anteil an Sinneseindrücken aus der Umwelt haben als beim Menschen. Weitere Hinweise darauf sind die großen Luftvolumina, die bei Pferden bei jedem Atemzug durch die Nasenhöhlen befördert werden. Außerdem kann das Pferd seine Nüstern jeweils in verschiedene Richtungen zeigen lassen und dadurch die Lokalisation von Gerüchen feststellen.

Ein weiterer Hinweis auf die große Rolle, die der Geruch bei den Sinneswahrnehmungen des Pferdes spielt, ist das sogenannte Jakobson'sche Organ (Vomeronasal-Organ): Es befindet sich in einer Ausbuchtung am Nasenhöhlenboden. Beim Flehmen werden Geruchspartikel dort eingeschlossen und dadurch intensiv wahrgenommen. Während das Epithel der Nasenhöhlen auf kleinere, flüchtige Moleküle reagiert, ist das Jakobson'sche Organ eher für nichtflüchtige, große speziesspezifische Moleküle ansprechbar, wie man sie in Körpersekreten findet. Solche Chemikalien sind ausgezeichnete Kandidaten für die Rolle von Pheromonen. Das sind chemische

Bei der ersten Begegnung von zwei Pferden spielt die Aufnahme von Geruchsmerkmalen die wichtigste Rolle.

Das Ausdrucksverhalten des Pferdes zeigt deutlich, dass es die erste Kontaktaufnahme durch Stirnkraulen nicht schätzt.

Ergebnisse aus Untersuchungen zu geruchsspezifischen Verhaltensreaktionen

- Wenn ein Hengst in ein Paddock gelassen wird, das zuvor von anderen Pferden besetzt war und in dem Futter angeboten wird, geht er zuerst alle Kothaufen ab, beriecht sie und kotet auf diejenigen, die von männlichen Tieren stammen (einschließlich des eigenen Kotes). Auf frische Kothaufen einer befreundeten Stute oder deren Fohlen kotet er nicht, sondern uriniert eher. Die Kothaufen anderer männlicher Artgenossen müssen dabei nicht frisch sein und können auch schon durch Regen oder Fahrzeuge verteilt sein, ohne ihre Attraktivität zu verlieren (ist bei Ausritten zu beachten!). Stuten und Wallache gehen in derselben Situation direkt zum Futter. Bei Wallachen lässt das Markierverhalten nach der Kastration zunehmend nach [146].
- Pferde beiderlei Geschlechts sind in der Lage, die soziale Zugehörigkeit, das Geschlecht und für die eigenen Gruppenmitglieder die individuelle Identität durch Beriechen des jeweiligen Kotes zu erkennen [80].
- Hengste und Wallache wählen ihre Wälzplätze nicht zufällig: Sie beriechen den Boden und legen sich dort ab und wälzen sich, wo ein Pferd sich zuvor ebenfalls gewälzt hat [146].
- Eine weitere Rolle der geruchlichen Wahrnehmung besteht in der Stimulation von Aggression. Wenn Hengste den eigenen frischen Markierungskot beriechen, zeigen sie kurzzeitig eine erhöhte Aggressivität gegenüber anderen Pferden. Dies ist bei Ausritten in der Gruppe zu berücksichtigen, wenn dieses Markierungsverhalten zugelassen wird. Um das Hengstverhalten auf Gerüche von Stuten in gemeinsam gerittenen Shows zu vermindern, streichen manche Tierhalter den Hengsten stark riechende Substanzen an die Nüstern. Dies reduziert auch die Aggressivität gegenüber anderen männlichen Tieren, die beim Schwitzen zu zunehmend geruchlich reizenden Zielen werden [146].

Beim Flehmen werden Geruchspartikel im Jakobson'schen Organ am Nasenboden eingeschlossen und intensiv geprüft.

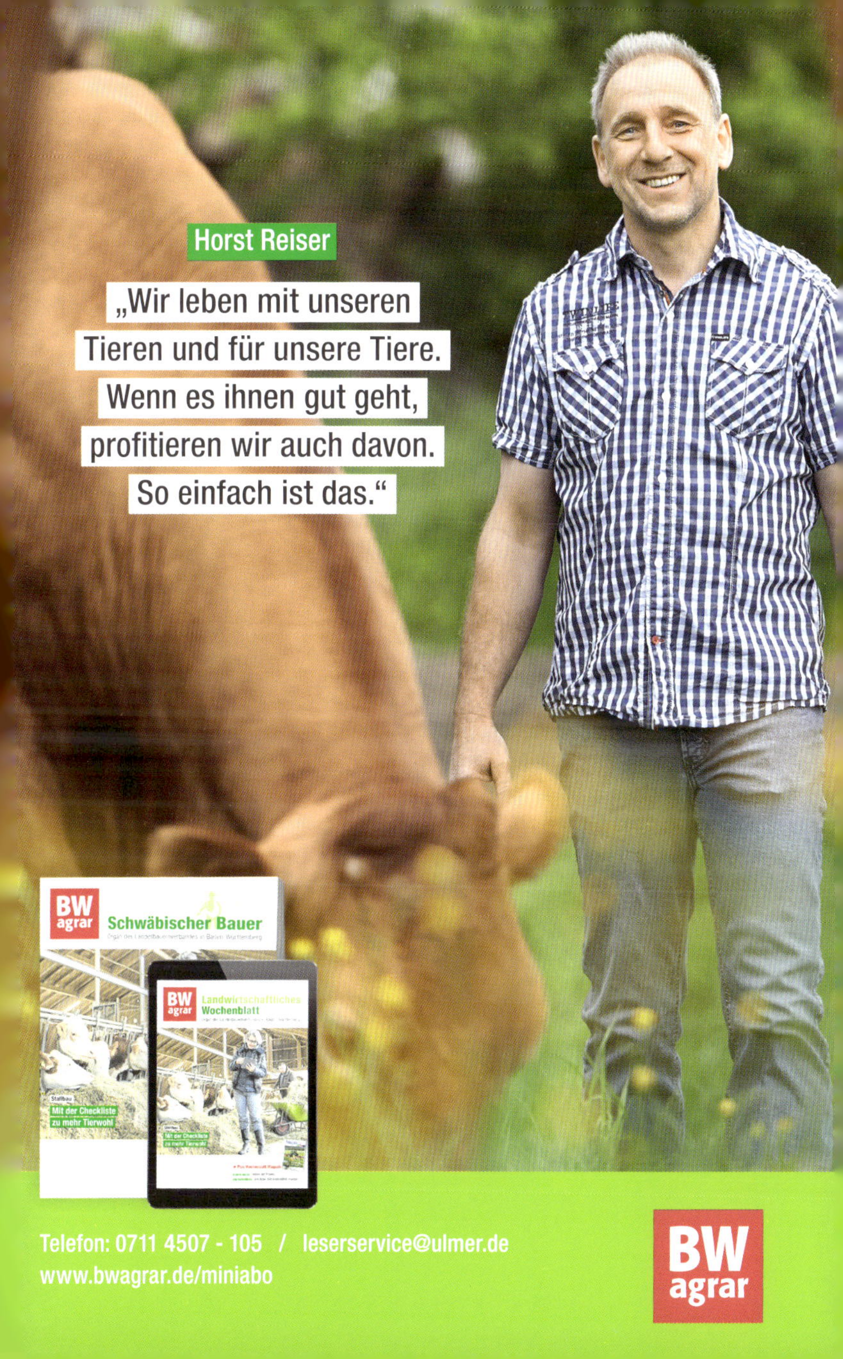

Horst Reiser
„Wir leben mit unseren
Tieren und für unsere Tiere.
Wenn es ihnen gut geht,
profitieren wir auch davon.
So einfach ist das."
BW agrar
Schwäbischer Bauer
Stallbau
Mit der Checkliste zu mehr Tierwohl
BW agrar
Landwirtschaftliches Wochenblatt
Telefon: 0711 4507 - 105 / leserservice@ulmer.de
www.bwagrar.de/miniabo
BW agrar

Stoffe, die von einem Mitglied einer Art abgegeben werden und bei einem anderen eine hormonähnliche Reaktion auslösen.

So können zum Beispiel Pheromone, die von einem ausgewachsenen dominanten Hengst abgegeben werden, die Reifung des sexuellen Hormonsystems von jüngeren Hengsten, die in engem sozialen Kontakt verbleiben, unterdrücken beziehungsweise verzögern.

Flehmen wird von Stuten und Wallachen genauso gezeigt wie von Hengsten. Der übliche Stimulus dafür ist Urin von rossigen Stuten, wird aber auch von Sekreten im Zusammenhang mit der Geburt von Fohlen ausgelöst. Viele Pferde flehmen allerdings auch bei verschiedenen anderen objektbezogenen und insbesondere unbekannten Gerüchen.

Insgesamt ist es also durchaus wichtig für den Menschen, sein Wissen über die Bedeutung der Wahrnehmung über den Geruchssinn des Pferdes zu verbessern:

- Die Beachtung von Gerüchen, die mit der Kleidung herumgetragen werden, spielt insbesondere beim sicheren Umgang mit Hengsten eine Rolle.
- Aggression und Erregung können durch den vernünftigen Einsatz von Geruchsblockern reduziert werden, wenn andere Maßnahmen erfolglos waren.
- Probleme mit der Verweigerung von fremdem Wasser oder Futter können verhindert werden, indem man den geruchlich vermittelten Faktoren mehr Aufmerksamkeit schenkt.
- Manche Pferde können umgänglicher sein, wenn sie ihre eigenen Halfter und Decken haben und sie können leichter von Personen kontrolliert werden, deren Hände vertraut riechen.
- Das arttypische Begrüßungsverhalten in Form von Beriechenlassen sollte der Mensch vor allem bei der ersten Begegnung mit einem Pferd berücksichtigen.
- Manche Änderung in der Erregbarkeit eines Tieres kann auch von den Gerüchen stammen, die andere Tiere um es herum ausströmen.
- Und da ärgerliche, frustrierte und emotional aufgebrachte Menschen ebenfalls flüchtige chemische Produkte in ihrem Schweiß ausscheiden, kann es durchaus möglich sein, dass auch diese Botenstoffe Pferde über ihren Geruchssinn unbeabsichtigt erregen [146].

Berührung: wichtigster Sinn zwischen Reiter und Pferd

Es gibt zahlreiche Gründe, warum das Wissen über die Wahrnehmung von Berührungsreizen beim Pferd wichtig ist. Denn die taktile Stimulation (Berührung) stellt den grundlegenden Weg der Kommunikation von Reitern mit Pferden dar. Bei einer Untersuchung zur Berührungsempfindlichkeit der Haut von Pferden fand man heraus, dass diese in Bereichen des Körpers, der in Kontakt mit den Beinen des Reiters steht, größer ist als diejenige, die man an der Wade des Menschen oder sogar an dessen Fingerkuppen gefunden hat. Pferde können also auf Druck reagieren, der für das menschliche Gefühl zu gering ist!

Diese Eigenschaft erhöht allerdings die Gefahr, dass eine Instabilität des Reiters im Sattel zu unbeabsichtigter Übermittlung von irrele-

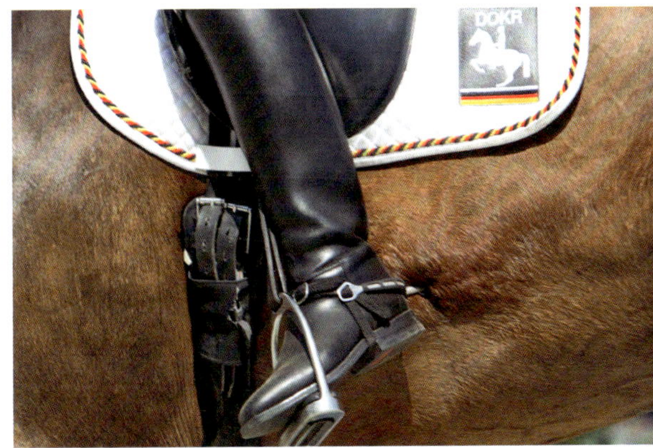

Reiter sollten sich über die hohe Berührungssensibilität der Haut von Pferden bewusst sein.

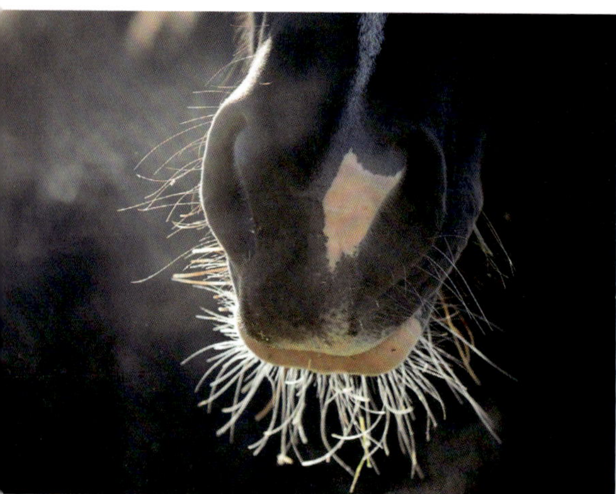

Die langen Haare um Maul und Nüstern gehören zu Sinnesorganen, die Schutz- und Kontrollzwecken dienen.

vanten Signalen an das Pferd führt. Dadurch wird es für die Pferde zwangsläufig schwieriger bis unmöglich, bedeutungsvolle Signale zu erlernen. Pferde, die man für unsensibel gegenüber der Schenkeleinwirkung hält, hatten vielleicht nie die Möglichkeit, auf gleichbleibende, leichte und bedeutungsvolle Signale zu reagieren.

Andererseits ist die scheinbare Fähigkeit von gut trainierten Pferden, einen Sinn für die Absichten des Reiters zu haben, wahrscheinlich eher ihre hochsensible Wahrnehmung und Reaktion auf leichte Bewegungen oder Anspannungen der Muskeln, die der Reiter unbewusst macht.

Pferde zeigen verschieden starke Reaktionen, wenn Insekten auf ihrem Körper landen: Hautzucken, Schweifschlagen, Ohrenanlegen, Beinschlagen, Kopfschütteln oder Beißen nach dem Insekt. In Untersuchungen wurde eine starke Abnahme der Empfindlichkeit auf Berührung bei älteren Pferden (> 20 Jahre) gefunden. Dies lässt vermuten, dass ältere Pferde nicht mehr in der Lage sind, sich selbst ohne die Hilfe von Decken, Masken oder Repellents ausreichend gegenüber Mücken zu schützen [146].

Die Fähigkeit von Pferden, mit den Lippen taktile und wahrscheinlich auch in Verbindung mit der Zunge geschmackliche Informationen zu gewinnen, wurde bisher nicht untersucht. Die meisten Pferdehalter standen jedoch schon einmal vor dem Problem, ihren Pferden Medikamente über das Futter eingeben zu müssen, die dann immer fein aussortiert im Trog übrig geblieben sind.

Die Erkundung über den Tastsinn kann bei der Identifikation von Objekten genutzt werden und ist deshalb für ein Tier mit teilweise recht eingeschränktem Sehsinn sehr bedeutend. Um Maul und Augen befinden sich Tasthaare, die in diesem Zusammenhang eine wichtige biologische Funktion haben (Schutz). Es zeugt von Unkenntnis, diese Sinnesorgane „aus Gründen der Ästhetik“ abzurasieren.

Emotionen und Gefühle

Emotionen sind wie Gewürze in einer Mahlzeit: Es kommt auf die richtige Menge und Zusammensetzung an.

Emotionen sind gefühlsmäßige Bewertungen von Umweltereignissen, die für die eigenen Bedürfnisse bedeutsam sind und entweder zu Lust- oder Unlustempfindungen führen [161]. Bei Emotionen handelt es sich somit um psychische Vorgänge im Organismus, die grundsätzlich nur von jenem wahrnehmbar sind, bei dem sie auftreten. Außenstehende können nur versuchen, aus Körperhaltungen, Bewegungen, mimischem Ausdruck, Lautäußerungen und physiologischen Vorgängen – zum Beispiel Herzfrequenz, Blutdruck, Kortisolgehalt im Blut –, die im Zusammenhang mit psychischen Vorgängen stehen, auf entsprechende Empfindungen zu schließen.

In verschiedenen wissenschaftlichen Untersuchungen wird derzeit nach validen messbaren Indikatoren für den emotionalen Status von Tieren gesucht. So wurde zum Beispiel bei Pferden getestet, ob Veränderungen der Faltenbildung um die Augen den emotionalen Zustand widerspiegeln können. Von den dabei untersuchten Messgrößen hat jedoch nur der Winkel zwischen einer Linie durch den Augapfel und der obersten Lidfalte beim Grooming (als eine positiv bewertete Situation) und bei Futterkonkurrenz (als eine negativ bewertete Situation) zu signifikanten Unterschieden geführt: Der Winkel wurde gegenüber dem Ausgangswert beim Grooming kleiner

Emotionen und Gefühle beeinflussen ganz wesentlich das Verhalten.

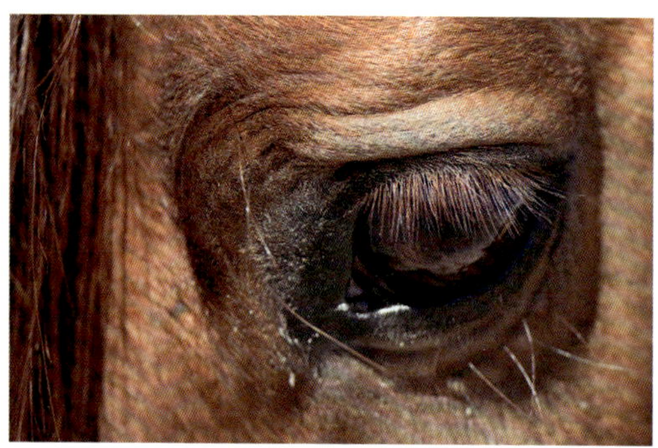

Der Augenausdruck gehört zu den stärksten Hinweisen auf die gerade vorherrschende Emotion eines Pferdes.

und bei der Futterkonkurrenz größer [62]. Ob sich aus den Augen tatsächlich messbare Informationen zum emotionalen Zustand der Pferde ergeben, müssen weitere Untersuchungen zeigen. Erfahrungsgemäß gibt der Augenausdruck (glänzend, offen, „wach“ oder stumpf, halb geschlossen, „nach innen gekehrt“) deutliche Hinweise auf den emotionalen Zustand eines Pferdes.

Emotionen sind es auch, die ursächlich hinter bestimmten Verhaltensweisen stehen. Dies ist der Grund dafur, dass identische Umweltreize je nach Stimmungslage nicht immer in gleicher Weise beantwortet werden. So hat wahrscheinlich jeder schon erlebt, dass sich sein Pferd beim Wegreiten vom Stall an einem Gegenstand am Wegesrand stark erregt, derselbe Gegenstand auf dem Heimweg jedoch keinerlei Beachtung hervorruft [174].

Wird ein Verhalten zusammen mit der jeweiligen Situation bewertet, lassen sich weitgehend übereinstimmende Schlussfolgerungen über die Qualität der gerade vorherrschenden Emotion erreichen. Allerdings geht das nur dann, wenn diese in übergeordneten Dimensionen (angenehm – unangenehm beziehungsweise sicher – unsicher) eingeordnet werden [161]. Die Argumentation lässt sich folgendermaßen erklären: Durch bestimmte äußere Reize werden in einem Individuum entweder positive (angenehme) oder negative (unangenehme) Gefühle hervorgerufen. Darauf reagiert es – für den Betrachter erkennbar – je nach empfundener Qualität des Reizes mit Zuwendung (= angenehm, zum Beispiel Futter) oder mit Meiden (= unangenehm, zum Beispiel Elektrozaun).

Aus dem beobachtbaren Verhalten lässt sich auch auf den gefühlsmäßigen Zustand schließen, der sich aus den Erfahrungen mit der Umwelt ergeben hat. Dabei werden die Dimensionen sicher oder unsicher unterschieden: Verhaltensmerkmale der Sicherheit sind aufmerksame Zuwendung zu Umweltreizen, straffe Körperhaltung, zielstrebiges Verhalten, deutlich ausgeprägte Verhaltensmerkmale sowie den Erfordernissen angepasstes Verhalten. Derartige Merkmale zeigen Pferde zum Beispiel, wenn sie einen Fressplatz erfolgreich gegenüber einem Artgenossen verteidigt haben.

Negative Erfahrungen in der Auseinandersetzung mit der Umwelt führen offensichtlich zu innerer Unsicherheit mit den entsprechenden Verhaltensmerkmalen, wie zum Beispiel der Situation nicht angepasstem Verhalten (übermäßige Erregung, unangepasste Aggression oder Apathie), Verhaltensmerkmalen, die nicht deutlich ausgeprägt und/oder häufig wechselnd sind, sowie je nach Situation schlaffe oder auch verspannte Körperhaltung. Derartige Verhaltensmerkmale kann man an Pferden vorfinden, die zum Beispiel in einer Gruppenhaltung ständig vom Fressplatz vertrieben werden.

Gefühle von Sicherheit oder Unsicherheit stehen im Zusammenhang mit Erfolgs- oder Misserfolgserlebnissen, die das Individuum entweder als Bewältigungsfähigkeit oder Nichtbewältigungsfähigkeit von Anforderungen erlebt. Individuen, die zum Beispiel bei Rangauseinandersetzungen unterliegen, setzen sich anschließend nicht mehr so zielstrebig wie zuvor mit Artgenossen auseinander. Umgekehrt führt jedes Erfolgserlebnis – auch gegenüber dem Menschen – zu noch forscherem Auftreten.

Eine weitere Differenzierung der Gefühlsqualitäten – zum Beispiel in Freude, Trauer oder Angst – ist seriös nicht möglich, in der Praxis aber zumeist auch nicht nötig.

Beim Erkunden fremder Gegenstände konkurriert Neugier mit Unsicherheit.

Wohlbefinden

Von Wohlbefinden geht man aus, wenn sich ein Lebewesen in einem Zustand körperlicher und seelischer Harmonie in sich und mit der Umwelt befindet. Regelmäßige Anzeichen des Wohlbefindens sind Gesundheit und ein in jeder Beziehung normales Verhalten. Beide Kriterien setzen einen ungestörten, artgemäßen und verhaltensgerechten Ablauf der Lebensvorgänge voraus [96].

Ein Maßstab für das Normalverhalten sind diejenigen Verhaltensabläufe, die von der Mehrheit (95 Prozent) von Tieren der betreffenden Art, Rasse und Altersgruppe unter natürlichen beziehungsweise naturnahen Bedingungen gezeigt werden. Naturnahe (Haltungs-)Bedingungen sind solche, die sowohl die freie Beweglichkeit als auch den vollständigen und angemessenen Gebrauch aller Organe ermöglichen. Dazu müssen alle Stoffe und Umweltreize vorhanden sein, die das Tier zur Auslösung seiner natürlichen, angeborenen Verhaltensabläufe braucht [9].

Am ehesten findet man derartige Bedingungen bei vom Menschen weitgehend unbeeinflusst lebenden Wildtieren oder auch halbwild gehaltenen Tieren (Referenzsystem). Normalverhalten ist in der Ausprägung, Dauer und Häufigkeit seines Auftretens somit feststellbar, ebenso wie Abweichungen davon. Beim Auftreten von Abweichungen vom Normalverhalten besteht grundsätzlich der Verdacht, dass das Wohlbefinden gestört ist.

Dabei ist zu berücksichtigen, dass nicht jedes Verhalten, das man unter naturnahen Bedingungen vorfinden kann, auch unter Haltungsbedingungen erwünscht ist – zum Beispiel mehr oder weniger erfolgreiche Feindvermeidung. Andererseits soll jedoch auch unter Haltungsbedingungen nicht jede Anstrengung vermieden werden. Denn jede unter Einsatz von angemessener (nicht überfordernder!) körperlicher Kraftanstrengung und psychischer Ausdauer erreichte Bedürfnisbefriedigung (Erfolgserlebnis) stärkt das Selbstvertrauen, die physische und psychische Gesundheit und damit das Wohlbefinden.

Je mehr die Umwelt den natürlichen Anforderungen des Pferdes entspricht, umso eher kann von Wohlbefinden ausgegangen werden.

Allein die Feststellung, dass Pferde Normalverhalten zeigen, reicht für den Nachweis von Wohlbefinden aber auch nicht aus. Das Normalverhalten muss auch seinen Funktionen gerecht werden, die man ganz allgemein in zwei Zielrichtungen einteilen kann:

- Erreichen von „erwünschtem Erleben“
- Meiden von „unerwünschtem Erleben“

Mit dem Erreichen von „erwünschtem Erleben“ ist Bedürfnisbefriedigung verbunden, die in der Regel auch zur Deckung des erforderlichen Bedarfs führt. Die verschiedenen Bedürfnisse (physiologische, schadensvermeidende, soziale, individuelle) sind hinsichtlich der Bedürfnisbefriedigung für das (Über-)Leben unterschiedlich hoch bewertet (siehe Grafik zur Bedürfnishierarchie) und werden vom Individuum in der entsprechenden Reihung und Gewichtung eingefordert.

Hierzu ein (vereinfachtes) Beispiel: Bei Bedarf an Nährstoffen wird das Bedürfnis aktiviert, geeignete Nahrung zu suchen und aufzunehmen. War die Suche erfolgreich, kommt es zur Nahrungsaufnahme (= erwünschtes Erleben) bis zur Bedürfnisbefriedigung. Mit der Bedürfnisbefriedigung wird im Normalfall auch der erforderliche Nährstoffbedarf des Organismus gedeckt.

Mit dem Meiden von „unerwünschtem Erleben“ erreichen Lebewesen ihre Unversehrtheit beziehungsweise Schadensvermeidung. Hat zum Beispiel ein Pferd an einem elektrischen Weidezaun einen Stromschlag erhalten, meidet es den Kontakt mit diesem künftig möglichst durch das Einhalten von ausreichendem Abstand.

Definition von Bedürfnis

Erleben eines Mangels und Streben nach Beseitigung dieses Mangels.

Definition von Bedarf

Alle Stoffe und Reize, die ein Lebewesen zum Selbstaufbau und -erhalt seines Organismus braucht.

Aus neuropsychologischen Untersuchungen lässt sich ableiten, dass höhere Tiere auch ihre Bewältigungsfähigkeit erleben, das heißt, ob und wie sie mit den Anforderungen aus ihrer Umgebung umgehen können. Dies zeigt sich im positiven Fall in Verhaltensmerkmalen, die auf innere Sicherheit schließen lassen – zum Beispiel aufmerksames, der jeweiligen Situation angepasstes und zielstrebiges Verhalten, straffe Körperhaltung und deutliche Ausprägung der Verhaltensmerkmale. Im negativen Fall weisen die gegenteiligen Verhaltensmerkmale, die dann auf Unsicherheit schließen lassen, auf das Erleben der Nichtbewältigungsfähigkeit und damit einen möglichen Leidenszustand hin [161].

Wenn nun Pferde, die vom Menschen genutzt werden, verschiedene Verhaltensweisen zeigen, die in der Natur nicht vorkommen – zum Beispiel das Tragen eines Reiters auf dem Rücken, das Ziehen einer Kutsche, das Fahren in einem Hänger und vieles mehr – bedeutet das nicht zwangsläufig, dass kein Wohlbefinden vorliegen kann. Pferde, die artgemäß versorgt und verhaltensgerecht untergebracht werden (Anforderungen eins bis vier der Bedürfnishierarchie), haben auch noch gewisse Kapazitäten für „Neues". Sofern die Pferde an diese zunächst meist negativ bewerteten Anforderungen schonend, schrittweise und mit der individuell angemessenen Geschwindigkeit herangeführt werden, kann dies sogar die physische und psychische Fitness steigern. Voraussetzung ist natürlich, dass der Mensch seine Wünsche für das Pferd unmissverständlich kommuniziert und die Lerntheorien korrekt anwendet.

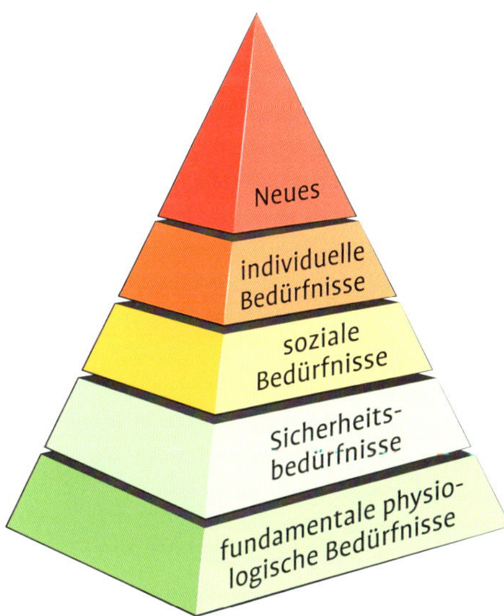

Bedürfnishierarchie: Mit der Bedürfnispyramide wird die jeweilige Bedeutung der einzelnen Bedürfnisse dargestellt.

Kurzfristige Anspannung in Erregungssituationen bereitet den Körper für die nachfolgend notwendige Reaktion vor.

Die mit den wenigsten Hilfsmitteln erreichte Leistung ist am ehesten mit positiven Emotionen verbunden.

Motivation

Die Motivation (Handlungsbereitschaft, Antrieb) ist die Summe aller Faktoren, die ein Verhalten auslösen (können). Dabei kann es sich sowohl um körpereigene (endogene) als auch von außen (exogene) auf den Organismus einwirkende Faktoren handeln. Beide können die Motivation für ein Verhalten erhöhen oder erniedrigen.
Motivation entsteht zum Beispiel endogen durch Abweichungen des physiologischen Gleichgewichts (Homöostase) und das damit verbundene Bedürfnis, es wieder herzustellen (Bedürfnisbefriedigung). Beispiele sind Hunger und Durst. Ebenso endogen wirksam sind hormonelle Faktoren, die zum Beispiel das Verhalten im Rahmen der Fortpflanzung steuern. Exogen motiviertes Verhalten wird vor allem über Emotionen vermittelt. Diese signalisieren, ob etwas angenehm oder unangenehm, gefährlich oder harmlos bewertet wird und wie darauf reagiert werden sollte (Zuwendung, Flucht, Verteidigung). Alle diese Faktoren können eine Rolle bei der Motivation für zielgerichtetes Verhalten spielen [66].

Pferde haben für vieles, was die Menschen reiterlich von ihnen verlangen, zumeist keinerlei natürliche Motivation. Manche Eigenschaften der Tiere kommen dem Menschen jedoch entgegen und sollten genutzt werden: Auch erwachsene Pferde spielen noch gern und Erfolgserlebnisse stärken das Selbstbewusstsein. Notwendiger Druck sollte möglichst nur insoweit eingesetzt werden, dass das Pferd die geforderte Leistung von sich aus als den besten Ausweg aus einer nicht angenehmen Situation erkennt, ohne sich überfordert zu fühlen. Das Pferd darf dabei jedoch keinesfalls in Angst versetzt und es dürfen ihm keine Schmerzen zugefügt werden – beides ver-

Die Arbeit mit Pferden sollte deren Motivation zum Mitmachen anregen.

hindert Denken und damit Lernen. Abgesehen davon ist jede Motivation in diesem Zusammenhang zunächst einmal dahin und das Vertrauen in den Menschen und die Situation nimmt Schaden.

Man muss auch immer bedenken, dass nichts tödlicher für ein Spiel ist als die Langeweile. Zwar braucht gerade das Pferd Wiederholungen, um sich in einer Fertigkeit üben zu können. Aber es ist intelligent genug, um schon nach wenigen Wiederholungen gewisse Übungen zu begreifen, wenn sie ihm pferdegerecht nahegebracht wurden. Für ein Pferd ist zum Beispiel schon die dritte Longenrunde in der gleichen Richtung und dem gleichen Tempo langweilig. Hier ist der Longenführer gefordert, das Longieren interessanter zu gestalten – durch häufige Richtungs- und Tempiwechsel, Standortverlagerungen, Hindernisse und dergleichen, entsprechendes gilt auch für das Reiten [1].

Stress

Stress wird als reale oder vermutete Bedrohung der physiologischen oder psychologischen Homöostase (Gleichgewicht) eines Individuums definiert, die physiologische oder verhaltensmäßige Gegenmaßnahmen auslösen. Bei Stress werden von der Nebennierenrinde vermehrt die sogenannten „Stresshormone“ (Glukokortikoide: Kortisol, Kortikosteron) ausgeschüttet, um den Körper bei der Bewältigung der Situation zu unterstützen. Glukokortikoide bauen Fett- und Eiweißverbindungen im Organismus ab, um Energie bereitzustellen. Außerdem wirken sie entzündungshemmend und immunsuppressiv.

Heutzutage versucht man, einen erhöhten Glukokortikoidgehalt in Blut, Speichel oder auch Kot zu erfassen, um das Stressniveau von Tieren faktisch zu bestimmen und daraus auf ein entspre-

Verspannung und Disharmonie sind oft nicht nur im Ausdruck des Pferdes erkennbar.

chend eingeschränktes Wohlbefinden zu schließen. Dabei wird aber oft nicht berücksichtigt, dass Stressreaktionen bei gesunden Individuen eine natürliche Anpassungsreaktion sind. Glukokortikoide werden auch bei gewöhnlichen Anforderungen des Alltags ausgeschüttet, wie Hunger, Durst, sexueller Aktivität oder Bewegung, und eben bei positiven oder negativen Emotionen (Lust oder Angst). Bei der Erfassung des Hormonstatus ist zudem zu berücksichtigen, dass die Ausschüttung einem spezifischen Tagesrhythmus unterliegt, das heißt, bei tagaktiven Tieren wie dem Pferd ist das Niveau am frühen Morgen am höchsten und fällt bis Mitternacht ab, um dann wieder bis zum Beginn der morgendlichen Aktivitätsphase anzusteigen.

Grundsätzlich sind kurzzeitige (akute) Stressreaktionen zumeist positiv zu bewerten, wenn sie adaptiv (situationsgerecht) auftreten. Positiver Stress (Eustress) erhöht die Aufmerksamkeit und fördert die maximale Leistungsfähigkeit des Körpers, ohne ihm zu schaden. Ein grundsätzliches Stress- oder Erregungspotenzial ist für das Überleben eines Organismus sogar unabdingbar. Demgegenüber wirken sich wiederholte oder lang andauernde Aktivierungen des Stresssystems in der Regel nachteilig auf die Gesundheit und das Wohlbefinden aus. Negative Stressoren (Disstress) werden als unangenehm, bedrohlich oder überfordernd beziehungsweise nicht bewältigbar empfunden. Dadurch kommt es zu erhöhter Körperanspannung sowie Abnahme von Aufmerksamkeit und Leistungsfähigkeit.

Dennoch müssen auch wiederholte Stressreaktionen nicht automatisch negativ bewertet werden und einmalige akute Stressreaktionen können ebenso gesundheitsschädlich sein. Mit Stresshormonmessungen allein ist demzufolge keine Aussage über das Tierwohl möglich. Viel bedeutender

Untersuchung zum Kortisolgehalt im Speichel

Bei einem Springreitturnier wurde der Kortisolgehalt im Speichel von 23 Pferd-Reiter-Paaren gemessen. Sowohl bei den Pferden als auch den Reitern stieg der Kortisolspiegel während der Absolvierung des Springens gegenüber dem Ausgangswert an. Während aber die Reiter mit den höheren Kortisolwerten mehr Fehler machten, bewältigten die Pferde mit den höheren Kortisolwerten den Parcours besser [127].

ist die Untersuchung sowohl der Ursachen der übermäßigen Glukokortikoidausschüttung als auch deren Folgen in den Zielgeweben des Organismus [137] – in Verbindung mit den Verhaltensäußerungen des Individuums.

Leiden

Der im deutschen Tierschutzrecht verwendete Begriff „Leiden" ist ein eigenständiger Begriff dieses Rechts und entstammt nicht – wie häufig fälschlicherweise angenommen – der Human- oder Veterinärmedizin, die von einem Leiden meist im Sinne einer chronischen Erkrankung sprechen. Leiden gemäß dem Tierschutzrecht sind alle nicht bereits vom Begriff des Schmerzes umfassten Beeinträchtigungen im Wohlbefinden, die über ein schlichtes Unbehagen hinausgehen und eine nicht ganz unwesentliche Zeitspanne fortdauern (BGH NJW 1987; BVerwG NuR 2001). Leiden gemäß dem Tierschutzrecht werden auch durch „der Wesensart des Tieres zuwiderlaufende, instinktwidrige und vom Tier gegenüber seinem Selbst- und Arterhaltungstrieb als lebensfeindlich empfundene Einwirkungen und durch sonstige Beeinträchtigungen seines Wohlbefindens verursacht" (VGH Mannheim, 1994).

Da es sich bei Leiden um nicht mit naturwissenschaftlichen Methoden messbare Befindlichkeiten handelt, wurde von verschiedenen Wissenschaftlern versucht, zumindest eine nachvollziehbare, objektive Herangehensweise zur Bewertung von Empfindungen aufzustellen [144] [179].

In einer davon stützt sich der Nachweis von Leiden auf folgende zwei mögliche Feststellungen [162]: Entweder sucht ein Tier offensichtlich nach Objekten oder Situationen, die zu erwünschtem Erleben führen sollen, und es kann mit seinem arttypischen Verhalten die dazu erforderlichen Bedingungen nicht schaffen (= nicht mögliche Bedürfnisbefriedigung). Beispiel: Ein Boxenpferd auf Sägespänen und mit nur zweimal täglich rationierter Heuvorlage versucht vergeblich, in der Einstreu geeignetes Futter zu finden.

Oder ein Tier versucht, sich schädigenden oder schmerzhaften Umwelteinflüssen durch Meiden oder Abwehr zu entziehen und kann dies mit seinem arttypischen Verhalten nicht erreichen (= nicht mögliche Schadensvermeidung). Beispiel:

Derart aggressive Auseinandersetzungen in Gruppenhaltungen sind problematisch und es muss Abhilfe geschaffen werden.

Ein Pferd in einem zu eng begrenzten Gruppenauslauf kann nicht verhindern, immer wieder den Individualabstand zu den ranghöheren Artgenossen zu unterschreiten und wird deshalb von diesen durch Bisse gemaßregelt.

Eine weitere Möglichkeit, Hinweise auf beeinträchtigtes Wohlbefinden zu erhalten, scheint sich aktuell aus der Beachtung der sensorischen Lateralität zu ergeben. Je nachdem, ob Tiere eine sensorische Links- oder Rechtslateralität zeigen – das heißt, sie benutzen bevorzugt Auge, Ohr, Nüster von einer Körperseite –, kann man erkennen, ob sie mehr emotional oder kognitiv reagieren. So betrachten emotional erregte Pferde Objekte vermehrt mit dem linken Auge und auch fremde Menschen werden verstärkt mit den Sinnesorganen der linken Körperseite begutachtet. Man nimmt an, dass eine stark ausgeprägte oder auch zunehmende sensorische Lateralität auf ein beeinträchtigtes Wohlergehen der Tiere hinweisen kann. Tiere (und Menschen) zeigen zwar auch in neutraler Gemütsverfassung eine gewisse sensorische Lateralität; diese verstärkt sich jedoch bei Stress, das heißt, wenn sich das Individuum der Situation (zum Beispiel Haltungsbedingungen, sozialer Stress, Trainingsbedingungen, Krankheit) nicht gewachsen fühlt [82].

Leiden im Zusammenhang mit Verhaltensstörungen

Das Vorkommen von Verhaltensstörungen wird in der Ethologie als Ausdruck der überforderten Anpassungsfähigkeit eines Tieres an seine Umwelt gewertet [37] [170]. Dies bedeutet, dass das Tier in der gegebenen Situation nicht fähig ist, mit seinem Normalverhalten das zu beschaffen (Stoffe, Reize), was es nötig hat, und deshalb definitionsgemäß leidet.

Wenn Tiere unter suboptimalen Bedingungen gehalten oder behandelt werden, ist ihr Appetenzverhalten (= Suchverhalten) zum Erlangen von Bedürfnisbefriedigung häufig nicht erfolgreich. Die Tiere durchlaufen dann mehrere Stufen der Bewältigungsstrategie, die – je nach dem Grad der Motivation (Handlungsbereitschaft) und Temperament – über mehr oder weniger lange und teilweise auch sich abwechselnde Phasen von aggressivem Verhalten und Apathie schließlich zu Stereotypien (Verhaltensstörungen) führen können (siehe Kasten).

Jeder Pferdehalter sollte sich immer wieder einmal überlegen, in welcher Phase der Bewältigungsstrategie zur Bedürfnisbefriedigung sich sein Pferd wohl gerade befindet und ob es gegebenenfalls notwendig ist, etwas zu ändern. Darüber nachdenken sollte man aber nicht erst dann, wenn bereits Apathie oder Verhaltensstörungen erkennbar sind.

Zwischenzeitlich ist bekannt, dass das Ausführen stereotyper Bewegungen über die Ausschüttung endogener Morphine Stress mildern kann. Auch wenn Stereotypien hinsichtlich Bedürfnisbefriedigung, Bedarfsdeckung und Schadensvermeidung keinen ausreichenden Beitrag leisten, können Pferde, die diese Art der Bewältigungsstrategie (Coping) betreiben, die

Abfolge von Phasen möglicher Bewältigungsstrategien zur Bedürfnisbefriedigung [171]

- **Appetenzverhalten**: Das Tier sucht nach verhaltensauslösenden Reizen, die seiner motivationalen Lage entsprechen. Mit zunehmender Antriebsstärke (bei fehlenden auslösenden Reizen) kann die Schwelle zur Aktion immer weiter absinken.
- **Aggression**: Das Tier versucht Hindernisse, die der Ausführung eines hochmotivierten Verhaltens im Wege stehen, durch aggressives Verhalten zu beseitigen.
- **Hilflosigkeit (Apathie)**: Das Tier gibt jeglichen Versuch auf, die unbefriedigende Situation durch sein Verhalten zu ändern (Resignation).
- **Stereotypie (Verhaltensstörung)**: Mit der Ausprägung einer individuellen Stereotypie wird der andauernde Stress gemildert (Kortisolspiegel im Blut sinkt).

Pferde, die einmal mit dem Koppen Stress bewältigen konnten, behalten diese Strategie oft dauerhaft bei.

Situation besser ertragen als solche, die in der Apathie verharren.

Die von den Pferden gezeigten verschiedenen Stereotypien lassen sich einzelnen Funktionskreisen des Verhaltens zuordnen. Es ist zwar wissenschaftlich noch nicht bewiesen, doch die Vermutung liegt nahe, dass das (hauptsächliche) Defizit in dem Funktionskreis zu suchen ist, der hinter der jeweiligen Verhaltensstörung steht:

- Koppen, Zungenspielen, Holznagen, Barrenwetzen: Funktionskreis Futteraufnahme
- Weben, Boxenlaufen, Scharren: Funktionskreis Fortbewegung
- Schweifscheuern, Headshaking, Automutilation (Selbstverletzung durch Bisse): Funktionskreis Komfortverhalten

Treten Verhaltensstörungen auf, muss möglichst die Ursache dafür abgestellt werden. Keinesfalls darf man nur die Ausübung der jeweiligen stereotypen Bewegung unterbinden, da dadurch die Frustration noch weiter ansteigt. Auch die Isolierung von Pferden mit einer Verhaltensstörung wegen der vermeintlichen Nachahmung durch andere Pferde verstärkt deren Stress ohne vernünftigen Grund. In keiner diesbezüglichen Untersuchung konnte bestätigt werden, dass stereotype Bewegungen wie Weben oder Koppen durch Nachahmung erworben werden [27] [124]. Wenn in einer Haltungseinheit mehrere Pferde Verhaltensstörungen zeigen, ist die Ursache wohl eher in den für alle Pferde entsprechenden ungünstigen Umgebungsbedingungen zu suchen. Pferde zeigen gewisse Verhaltensstörungen (insbesondere das Koppen) auch dann noch, wenn die auslösenden Faktoren lange Zeit zurückliegen beziehungsweise beseitigt sind. Von Leiden kann man dann in der Regel nicht mehr ausgehen. Andererseits zeigen Pferde eine einmal erworbene Verhaltensstörung schnell wieder, wenn sie – auch nur kurzfristig – in Situationen versetzt werden, in denen sie gelernt haben, sich mit dieser Bewältigungsstrategie Erleichterung zu verschaffen (insbesondere beim Weben).

Viele Stunden langes Eingesperrtsein (Boxenhaltung) hat sich als eine der möglichen Ursachen bei der Entstehung von Stereotypien oder Verhaltensänderungen erwiesen [53] [167]. Dabei ist erstaunlich, wie viel Beachtung den Verhaltensstörungen (Stereotypien) des Pferdes gewährt wird,

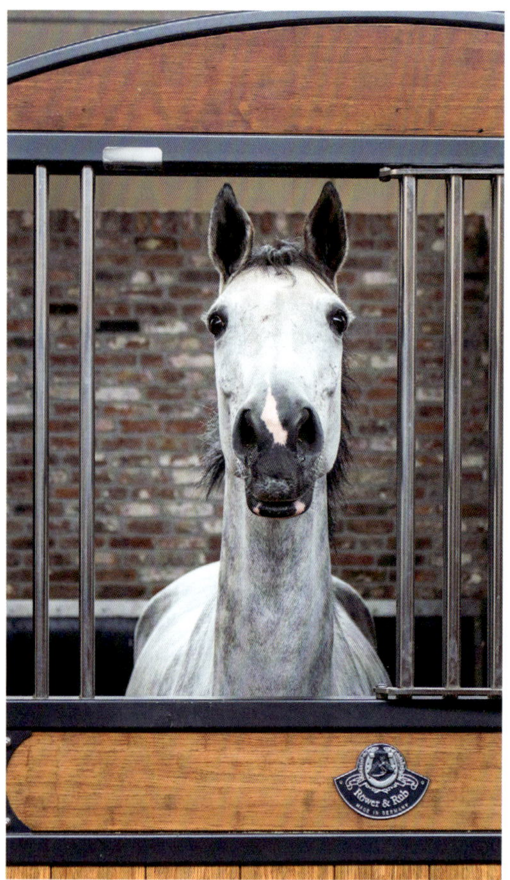

Ausschließliche Boxenhaltung hat sich als eine Ursache von Verhaltensstörungen und Depressionen bei Pferden erwiesen.

Depression bei Pferden

Unter den üblichen Haltungsbedingungen (Boxenhaltung, eine Stunde Arbeit pro Tag) zeigten in einer Untersuchung 24 Prozent von 59 Pferden die typischen Merkmale von Depression: introvertierte Haltung, Nichtinteresse an der Umwelt, erhöhter Angstlevel, erniedrigter Kortisonspiegel (und stellt damit eigentlich ein geeignetes Tiermodel für die Depressionsforschung dar). Stuten waren übermäßig betroffen [39].

während kaum Interesse daran zu bestehen scheint, wenn Pferde „aussteigen", nicht mehr agieren, nur noch reagieren oder apathisch werden. Und dabei handelt es sich unzweifelhaft um einen Indikator für Leiden! Dieser erbärmliche Zustand der Pferde wird von den Menschen, die täglich mit ihnen umgehen, leider viel zu oft nicht erkannt.

Erlernte Hilflosigkeit

Erlernte Hilflosigkeit ist ein psychischer Zustand, bei dem die betroffenen Individuen die Erfahrung gemacht haben, dass sie keinerlei Kontrolle über unangenehme oder schädliche Bedingungen haben. Sie mussten feststellen, dass ihre Handlungen nutzlos und sie somit hilflos der Situation ausgeliefert sind. Von erlernter Hilflosigkeit ist auszugehen, wenn betroffene Tiere eine allgemein reduzierte Lernleistung, insbesondere aber auch unangemessenes Flucht- und Vermeidungsverhalten zeigen.

Ein solcher Zustand ist mit Leiden zu bezeichnen, da davon ausgegangen werden muss, dass die Tiere ihre Nichtbewältigungsfähigkeit der Situation erleben. Die Vorhersehbarkeit und insbesondere die Kontrollierbarkeit der Umwelt sind die zentralen Aspekte, um Stress zu vermeiden. Stress kann sich dabei in Form von Konfliktverhalten (Ergebnis von akutem Stress) oder als gestörtes Verhalten (Ergebnis von chronischem Stress) ausdrücken [122].

Wenn negative Verstärkung nicht konsequent mit der erwünschten Verhaltensreaktion verknüpft wird – das heißt, wenn zum Beispiel beim Reiten ständig mit Schenkel und Sporen getrieben wird, ohne auf die Reaktion des Pferdes auf den Druck zu achten und/oder wenn Trainingsequipment missbräuchlich eingesetzt wird – das heißt beispielsweise, wenn wiederholt unangemessener Peitscheneinsatz erfolgt –, wird Verunsicherung und Frustration beim Pferd hervorgerufen, gefolgt von unkooperativem oder aggressivem Verhalten und schließlich erlernter Hilflosigkeit (Selbstaufgabe, Apathie) [47].

Im Ausdruck des Pferdes kann man die als ausweglos empfundene frustrierende Situation erkennen.

Erlernte Hilflosigkeit ist auch bei Pferden festzustellen, die aufgrund der anhaltenden Unterbindung ihrer spontanen Bewegungsbereitschaft, eines monotonen Trainings, mangelnder Konfrontation mit anregenden Reizen sowie physischer und/oder psychischer Überforderung ihre Fähigkeit weitgehend verloren haben, auf neue Reize aufmerksam und interessiert zu reagieren [115].

Erkennbar sind solche Zustände am besten am Augenausdruck der Pferde: Die Augenlider sind etwas geschlossen, die Augen wirken stumpf und der Blick ist nach innen gekehrt. Auch die Ohren sind reaktionslos gegenüber dem Geschehen in der Umgebung. Das Pferd wirkt vollständig in sich zurückgezogen.

Eine weitere Ausprägung von erlernter Hilflosigkeit kann man auch bei Pferden vorfinden, die zum Beispiel nachts in der Box zum Festliegen kommen und es nicht schaffen, aus eigener Anstrengung aufzustehen. Man findet sie am Morgen erschöpft auf dem Boden liegend. Dann helfen Aufhebeversuche in der Box oft nicht, da die Pferde durch ihre vergeblichen Bemühungen offenbar das Vertrauen verloren haben, aufstehen zu können. Solchen Pferden kann man nur helfen, indem man sie auf einer Pritsche aus der Box herauszieht und auf gewachsenen Boden verbringt. Wenn sie sich dort einige Zeit ausgeruht haben, genügt meist nur eine kleine Hilfe zum Aufstehen [126].

Angst

Unter Angst versteht man einen Zustand, der sich aus einer spezifischen oder unspezifischen Bedrohung ergeben kann. Bei einer spezifischen Bedrohung handelt es sich um Objektangst, die dann auch als Furcht bezeichnet wird [158].

Die Angst ist im deutschen Tierschutzrecht dem Leidensbegriff untergeordnet. Dabei ist jedoch nicht jede Situation, in der Pferde mit mehr oder weniger starken angstanzeigenden Verhaltensweisen reagieren, auch mit Leiden verbunden. Die arttypische Reaktion von Pferden auf Angst ist in erster Linie die Flucht; und nur wenn diese nicht möglich ist, auch ein Angriff. Pferde sind dabei grundsätzlich an schnellen Problemlösungen interessiert und nicht an einer konfliktreichen Auseinandersetzung. In der akuten Angst reagieren sie aber auch kopflos, das heißt die Situation wird nicht zweckmäßig verarbeitet.

Ohrstellung seitlich, schmale Nüstern und ein dreieckiges Kinn sind Anzeichen von Angst.

Allein die mehr oder weniger diffuse Wahrnehmung eines Feindes kann beim Pferd zur Flucht führen. Pferde haben in diesem Zusammenhang eine leicht auslösbare Erregbarkeit. Ein gesundes Maß an Erregbarkeit und speziell Furchtsamkeit sowie Ängstlichkeit fördern die Wachsamkeit. Ausgeprägte Erregbarkeit verhindert jedoch die genauere Erkundung und es wird unreflektiert das „sicherere" Verfahren der unvermittelt angetretenen Flucht gewählt. Dabei wird – entgegen dem üblichen Vorgehen in der Natur – eventuell nutzlos aufgebrachte Energie nicht bedacht, falls der spontane Rückzug nicht erforderlich gewesen wäre [115].

Ein großer Teil des Problemverhaltens bei Pferden ist auf Angst beziehungsweise Furcht zurückzuführen. Sofern der Mensch auf die natürlichen Angstreaktionen in Form von Scheuen, Ausweichen, Ausschlagen, Nervosität, allgemeine Unruhe nicht kompetent und psychologisch korrekt eingeht, kann er damit ein Übermaß von Angst und dann auch Leiden verursachen. Wenn auf die im Pferd entstehende Angst (zum Beispiel bei Behandlungen, Hufbeschlag) kontinuierlich mit Lautstärke oder schmerzhaften Eingriffen (Umdrehen der Ohren, Schlagen oder Entsprechendem) reagiert wird, kann dies zudem zu lang anhaltenden Schwierigkeiten wie Kopfscheue oder Hypernervosität [88] und letztlich auch zu aggressivem Verhalten führen.

Häufig versuchen Pferdehalter, bekanntermaßen kritische Situationen dadurch zu bewältigen, indem sie den Pferden die Augen verdecken. Augenverdecken lässt Pferde die unbekannte/beängstigende Situationen jedoch nicht einschätzen. Dies bedeutet, sie lernen dadurch auch nicht,

Untersuchungen zur „Ängstlichkeit“

Ob Ängstlichkeit eine Charaktereigenschaft ist, wurde in einer Untersuchung an 66 Welshponys und 44 Angloarabern überprüft. Die Tiere wurden im Alter von 8 Monaten, 1,5 Jahren und ein Teil der Pferde auch im Alter von 2,5 Jahren folgenden Testsituationen ausgesetzt: neues Objekt, neuer Arenaboden und Aufspannen eines Regenschirmes. Währenddessen wurden verschiedene Verhaltensmerkmale erfasst. Die Reaktionen der Pferde waren auf die Tests und über die Zeit konstant. Als die besten Indikatoren zur Bewertung der Charaktereigenschaft „Ängstlichkeit“ ergaben sich:

- Die Häufigkeit des Leckens/Knabberns am fremden Objekt
- Die Zeit bis zum Betreten des neuen Arenabodens mit einem Bein und des Fressens aus einem Eimer
- Die Fluchtdistanz und die Zeit, die unter dem geöffneten Schirm gefressen wird

Die Stabilität der Reaktionen auf die Tests und über die Zeit lässt die Existenz der Eigenschaft „Ängstlichkeit“ bei Pferden annehmen. Die Studie zeigt, dass es möglich ist, mit den drei Tests den Grad an Ängstlichkeit bereits mit 8 Monaten zu erkennen und dadurch die Pferde frühzeitig hinsichtlich ihrer vorgesehenen Verwendung zu selektieren [90].

Untersuchungen zur Angst

Pferde, die in Dressur oder Hoher Schule gearbeitet werden, reagieren in den speziellen Tests zur Angst (Arena, Novel Object, Bridge) ängstlicher als andere Pferde. Man begründet dies damit, dass insbesondere in diesen beiden Disziplinen das emotionale Verhalten der Pferde am stärksten unterdrückt und ein starker physischer Druck auf die Bewegungen ausgeübt wird. Außerdem ist das Konfliktpotential bei diesen Reitweisen hoch, da die Pferde bei verhaltenen Gängen vom Reiter mit der Hand (Zügel, Gebiss) zurückgehalten und mit den Beinen (Schenkel, Sporen) vorwärtsgetrieben werden. Dieser physische und psychische Stress kann auch die höhere Ausprägung von Verhaltensstörungen bei diesen Pferden erklären [51].

Es ist auch interessant, dass koppende Pferde in einer Untersuchung einen signifikant niedrigeren Angstlevel als die Kontrollpferde aufwiesen, während sich die Trainierbarkeit und die Freundlichkeit zwischen den Gruppen nicht unterschieden. Diese Ergebnisse deuten auf die Vorteile der Copingstrategie (Bewältigungsstrategie) im Zusammenhang mit der Entwicklung dieser Verhaltensstörungen hin [123].

mit dem Problem umzugehen. Somit lässt sich das Problem in den seltensten Fällen dadurch lösen. Es ist vorteilhafter, das Fluchttier Pferd dazu zu bringen, sich mit Neuem und Furchteinflößendem angemessen auseinanderzusetzen, anstatt kopflos davonzurennen. Das gelingt jedoch nur dann erfolgreich, wenn das Pferd alle Sinne nutzen kann und der Mensch ruhig und einfühlsam mit der Situation umgeht.

In Situationen, die keinen Zeitaufschub für Gewöhnungsmaßnahmen erlauben und in denen die Angstreaktionen der Pferde eine Gefahr für die Gesundheit von Mensch und Tier darstellen, ist auch eine medikamentelle Sedation mitunter nicht zu umgehen. Doch um entsprechende Hoffnungen auszuräumen: Nur in wenigen Fällen wurde auch von einem Lernvorgang während der Sedation im Sinne einer Desensibilisierung berichtet. Ziel sollte immer sein, die Angst auslösenden Verfahren (Beschlag, Scheren etc.) möglichst ohne Sedation ausführen zu können. Nicht akzeptabel ist die Sedation von Pferden, um sie für Umzüge, Schauen oder Ähnlichem einsetzbar zu machen [16].

Wenn möglich, sollte man ein Pferd mit einem bekanntermaßen angstauslösenden Reiz schrittweise vertraut machen. Dabei darf man immer nur soweit vorgehen, wie es das Pferd noch ohne Abwehr- oder Fluchtreaktion ertragen kann. Auf keinen Fall sollte die Situation eskalieren. All dies

Angstreaktionen auf Ungewohntes gehören für Pferde grundsätzlich auch zum Normalverhalten.

erfordert Sachkenntnis und Vertrauen in das eigene Handeln, denn wer selbst Angst hat, kann keinem Pferd die Angst nehmen! Außerdem ist auch Geduld gefragt, da in diesem Zusammenhang oft mit einem mehr oder weniger großen Zeitaufwand gerechnet werden muss. Wird dieser Aufwand aber mit Erfolg betrieben, verbessert sich zumeist das Vertrauen und insgesamt das Verhältnis zwischen Mensch und Pferd. Dadurch sind auch künftige kritische Situationen oftmals schneller zu überwinden [116].

Vermehrte Angst wird häufig in Fällen von Arbeitsstress vorgefunden. Neben dem hohen Konfliktpotential, dem Pferde durch die reiterlichen Einwirkungen ausgesetzt sein können (siehe Untersuchungen zur Angst), wollen und fördern zum Beispiel gerade Dressurreiter eine hohe Sensibilität der Pferde auf ihre Hilfen. Diese Sensibilität kann allerdings leicht in Nervosität übergehen und dann mit der Zeit Merkmale der Ängstlichkeit aufweisen – das heißt, die Übergänge sind fließend. Springpferde und auch Voltigierpferde sind dagegen eher in der Lage, ihr Bedürfnis zur Fortbewegung zu befriedigen und dadurch insgesamt Stress abzubauen. Damit lässt sich deren grundsätzlich ruhigere Art bei der Absolvierung von diesbezüglichen Tests erklären [52].

Schmerzen

Bei Schmerzen handelt es sich definitionsgemäß um auf beliebige Weise hervorgerufene körperliche Schmerzen, für die rein begrifflich weder eine unmittelbare Einwirkung auf das Tier noch erkennbare Abwehrreaktionen erforderlich sind [96]. Nach der IASP (International Association for the Study of Pain) ist Schmerz „eine unangenehme sensorische und gefühlsmäßige Erfahrung, die mit akuter oder potentieller Gewebeschädigung einhergeht oder in Form solcher Schädigungen beschrieben wird".

Zwar scheint es sich bei Schmerzen grundsätzlich um einfacher zu vermittelnde Zustände zu handeln als bei Leiden. Doch auch bei der Schmerzwahrnehmung handelt es sich um ein Gefühl, das nur dem Individuum zugänglich ist, bei dem es auftritt. Selbst bei identischem Schmerzreiz, der von gleich gestalteten und homologen Rezeptoren und Reizleitungssystemen aufgenommen und weitergeleitet wird, muss davon ausgegangen werden, dass im Zentralen Nervensystem (Gehirn) eine Verarbeitung und insbesondere eine Bewertung dieses Reizes erfolgt. Und diese Bewertung und damit wahrgenommene Ausprägung des Schmerzes ist – neben der Art und Qualität des Schmerzreizes – abhängig von

- der Bedeutung des Reizes für das Lebewesen,
- der Situation, in der sich das Lebewesen gerade befindet (Angst verstärkt die Schmerzempfindung, Erregung kann sie vermindern),
- der individuellen Einstellung zu Schmerzen (Schmerzempfindlichkeit vererbt sich),
- der aktuellen Stimmungslage und
- den diesbezüglichen Erfahrungen (wiederholte geringe Schmerzreize werden verstärkt) [95].

Vom Menschen ist bekannt, dass sich sogar die empfundene Schmerzschwelle nachweislich ändert, abhängig davon, welche Person beim Auslösen des Schmerzreizes anwesend ist [77]. Derartige Reaktionen sind auch von Tieren bekannt. In diesem Zusammenhang ist auch die Vorgabe des Tierschutzgesetzes in der geltenden Fassung als problematisch zu sehen, gemäß derer eine Betäubung bei Wirbeltieren nicht erforderlich ist, wenn bei vergleichbaren Eingriffen am Menschen eine Betäubung in der Regel unterbleibt. Zum einen legt hier der Gesetzgeber offensichtlich den unsicheren Analogieschluss zugrunde und schließt von den Gefühlen des Menschen auf entsprechende Gefühle beim Tier. Zum anderen wird darüber hinaus noch verkannt, dass der Mensch im Gegensatz zum Tier vor derartigen Eingriffen üblicherweise über Dauer, Stärke und Sinn des zugefügten Schmerzes aufgeklärt wird und dadurch eine völlig andere Einstellung zum Schmerz entwickeln kann als ein Tier. Vergleichbar wären die Bedingungen nur bei entsprechenden Eingriffen an Kleinkindern.

Bei der tierschutzrechtlichen Bewertung von schmerzhaften Einwirkungen auf Tiere ist neben dem Reiz somit vor allem die Reaktion auf die Reizeinwirkung von diagnostischer Bedeutung. Anerkannte Indikatoren für Schmerzen sind zum Beispiel Lautäußerungen, Verhaltensänderungen, veränderte Bewegungsabläufe, Körperhaltungen und Mimik sowie vegetative Veränderungen [63]. Hierbei müssen allerdings auch die tierartspezifischen Unterschiede in der Schmerzäußerung bekannt sein, um die richtigen Schlussfolgerungen ziehen zu können. Da es sich bei Pferden entwicklungsgeschichtlich um Beutetiere handelt, liegt es in ihrer Natur, schmerzhafte Zustände der Umwelt möglichst wenig kund zu tun.

„Schmerzgesicht" eines Pferdes mit Hufrehe.

Zur Bewertung des Grades von Schmerzen bei Pferden wird von verschiedenen Arbeitsgruppen versucht, diesen anhand von Merkmalen des Verhaltens und insbesondere der Mimik (Horse Grimace Scale) einzustufen. Unspezifische Merkmale schmerzhafter Zustände äußern sich beim Pferd in einer Reduktion der Aktivität, Futteraufnahme und Fortbewegung, einer gesenkten Kopfhaltung, einem stumpfen Blick und einer angespannten Körperhaltung. Bei der Mimik haben sich

- steif nach hinten gerichtete Ohren,
- mehr oder weniger geschlossene Augenlider,
- Zusammenziehen der Muskulatur über den Augen und dadurch Hervortreten des Schläfenkamms,
- Hervortreten der Kaumuskulatur,
- verspanntes Maul mit zurückgezogener Oberlippe und an der Unterlippe deutlicher „Kinnbildung“,
- verspannte und leicht geweitete Nüstern, wodurch das Nasenprofil flacher und die Lippen verlängert werden,

als deutliche Hinweise für den postoperativen Kastrationsschmerz erwiesen. Allerdings konnte damit (noch) keine wissenschaftlich zufriedenstellende graduelle Unterscheidung des schmerzhaften Zustandes getroffen werden [30].
Die Schmerzrezeptoren sind in Form von freien Nervenendigungen über den gesamten Organismus verteilt, sodass die Schmerzquelle auch überall zu finden sein kann. Schmerzen im Bauchraum werden jedoch meist angezeigt durch Scharren mit den Vordergliedmaßen, hektisches Wälzen, Umsehen zu den Flanken, Stöhnen, häufiges Abliegen und Aufstehen, Schlagen gegen den Bauch mit den Hintergliedmaßen und hundeartiges Sitzen. Schmerzen in Schulter, Becken oder Gliedmaßen manifestieren sich in der Regel durch Lahmheit [167].

Zu den interessantesten Aspekten der Schmerzwahrnehmung – das heißt seiner Unbeständigkeit – zählt auch, dass die gleichzeitige Stimulierung an einer anderen Stelle an der Körperoberfläche die Schmerzerfahrung ändern kann. So wurde festgestellt, dass die Praxis des „Bremsens“ zur Kontrolle von Pferden bei geringfügig schmerzhaften Eingriffen eine physiologische Grundlage hat: Es erhöht den Anteil an Endorphinen im Blut. Korrektes Bremsen der Oberlippe ruft nach langjähriger Erfahrung keinen Widerstand bei künftigen gleichartigen Aktionen hervor, wie dies zum Beispiel beim Bremsen der Ohren der Fall ist, womit man die Pferde unmittelbar „kopfscheu“ macht [146].

Ein weiteres interessantes Untersuchungsergebnis ist die diurnale (über den Tag verteilte) Veränderung der Endorphinausschüttung (endogene Morphine). Bei Pferden fand man den höchsten Endorphinlevel am frühen Morgen, was mit einer niedrigeren Schmerzempfindlichkeit zu dieser Tageszeit verbunden ist. Dieses Wissen kann für (geringfügig) schmerzhafte Eingriffe genutzt werden. Nach derzeitigem Kenntnisstand sind die Steigerung des Endorphinlevels und/oder die Erniedrigung des Aktivierungszustands des Sympathischen Nervensystems (= Anteil des Vegetativen Nervensystem, der den Organismus für Flucht oder Kampf bereit macht) entscheidende Faktoren, wenn schmerzhafte Eingriffe ohne größere Probleme durchgeführt werden sollen. Die Reduzierung von Angst – durch entspannende Aktionen des bekannten und vertrauten Tierhalters oder eventuell auch pharmazeutisch – ist eine bedeutende Maßnahme, um die Schmerzwahrnehmung bei Pferden zu reduzieren. Ansonsten reagieren Pferde auf akuten Schmerz mit Flucht oder Angriff, was in beiden Fällen bei der Behandlung eines so großen Tieres äußerst gefährlich werden kann [146].

Erheblichkeit von Schmerzen und Leiden

Im Tierschutzrecht sind Schmerzen und Leiden von Tieren teilweise nur dann relevant, wenn sie erheblich sind. Aussagen zu Beeinträchtigungen im Wohlbefinden bei Tieren hinsichtlich der Erheblichkeit können von der Ethologie (bisher) nicht erbracht werden. Deshalb können hierzu nur die vorhandenen juristischen Bewertungen herangezogen werden. So sind für die richterliche Praxis Verhaltensstörungen die wichtigsten Indikatoren zur Feststellung erheblicher Leiden [63]. Anerkannte Anzeichen für erhebliche Leiden sind auch Anomalien, Funktionsstörungen oder generell spezifische Indikatoren im Verhalten der Tiere, die als schlüssige Anzeichen und Gradmesser eines Leidenszustandes taugen (BGH, 1987). Eine Arbeitsgruppe aus Vertretern der Ethologie, Neurophysiologie, Veterinärmedizin, Psychologie, Mathematik/Wissenschaftstheorie und Juristik hat 1998 unter interdisziplinärem Konsens einen Kriterienkatalog erstellt, deren Komponenten als Gradmesser für erhebliches Leiden gewertet werden müssen:

- Zusammenbruch des artspezifischen tagesperiodischen Aktivitätsmusters
- Stereotypien, einschließlich solcher, die sich auf Ersatzobjekte beziehen oder in Form von Autoaggressionen auftreten
- Ausfall oder starke Reduktion des Komfortverhaltens (insbesondere der eigenen Körperpflege)
- Ausfall oder starke Reduktion des Erkundungsverhaltens
- Ausfall oder starke Reduktion des Spielverhaltens
- Apathie

Bei Pferden, die sich ganz offensichtlich aufgegeben haben, ist erhebliches Leiden anzunehmen.

Für die Feststellung, dass erhebliche Leiden vorliegen, kann bereits das Auftreten eines der Kriterien genügen, zumeist liegen jedoch mehrere der genannten Kriterien gleichzeitig vor [14].

Indizien für erhebliche Schmerzzustände sind zum Beispiel bei den Lautäußerungen Stöhnen oder Zähneknirschen; bei den Verhaltensänderungen Absonderung von der Gruppe, Vernachlässigung der Körperpflege, Lahmheit, beeinträchtigte Futteraufnahme, Aggression oder Apathie; bei den Veränderungen der Körperhaltung vollständige Entlastung der betroffenen Gliedmaße, abnorme Körperhaltungen oder -stellungen, vermehrtes Liegen; bei den vegetativen Veränderungen Schwitzen, Erhöhung von Atemfrequenz, Herzfrequenz und Blutdruck oder häufiger Kotabsatz [63].

Insgesamt gehen erhebliche Schmerzen und/oder Leiden oft auch mit Schäden einher, wozu neben körperlichen Beeinträchtigungen auch manifeste Änderungen im Verhalten zählen. Derzeit besteht die Annahme, dass Pferde auch aufgrund von Magengeschwüren koppen, die wiederum Folgeerscheinungen von nicht pferdegerechten Haltungsbedingungen sind – insbesondere nicht ausreichender Raufuttergabe. In einem solchen Fall ist von erheblichem Leiden auszugehen.

Lernen

Pferde lernen ständig: Jede Begebenheit wird entweder als positiv, negativ oder unbedeutend eingestuft und hat entsprechende Auswirkungen auf nachfolgendes Verhalten.

Pferde sind kräftige aber dennoch sensible und furchtsame Wesen. Deshalb wollen sie Auseinandersetzungen soweit wie möglich vermeiden. Dazu fehlt es ihnen zwar an Vernunft, doch was das Erinnerungsvermögen, die Lerngeschwindigkeit und die Anpassungsfähigkeit angeht, sind sie bestens ausgestattet [117].

Lernen wird definiert als eine Änderung in der Ausübung eines Verhaltens als Ergebnis einer Erfahrung. Pferde haben ein beträchtliches Ausmaß an Lernbereitschaft und Lernfähigkeit. Nichts lässt bisher annehmen, dass Pferde anders lernen als andere Tiere – und auch als der Mensch. Deshalb sollen hier vorab einige grundlegende Faktoren genannt werden, die gemäß der pädagogischen Wissenschaft für das Lernen und Lehren beim Menschen eine Rolle spielen. Diese können grundsätzlich genauso auf Tiere auf der Entwicklungsstufe, wie es Pferde sind, übertragen werden [142]:

- **Motiviertheit und Glaubhaftigkeit des Lehrenden:** Psychologen haben herausgefunden, dass zu Beginn jeder Begegnung innerhalb der ersten Sekunden die Glaubhaftigkeit des Partners unbewusst aus nonverbalen Signalen eingeschätzt wird. So stellen auch Schüler schnell fest, ob der Lehrer motiviert ist, seinen Stoff beherrscht und sich mit dem, was er vermit-

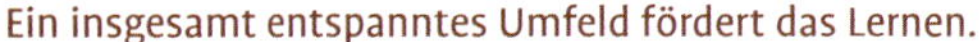

Ein insgesamt entspanntes Umfeld fördert das Lernen.

teln will, identifiziert. Und nur dann werden sie ihm auch ihre Aufmerksamkeit schenken.

- **Individuelle kognitive und emotionale Lernvoraussetzungen der Schüler:** Lernen ist ein aktiver Prozess von Bedeutungserzeugung im Gehirn. Die diesbezüglichen Begabungen (räumliche Orientierung, bildliche Vorstellung oder Zahlengedächtnis) sind individuell oft verschieden ausgeprägt (Gedächtnisstil). Auch die Art und Weise, wie am besten gelernt wird (sehen, hören oder wiederholen), unterscheidet sich stark zwischen den Individuen (Lernstil).

Zu diesen genetisch bestimmten Faktoren kommen noch weitere Einflüsse auf den Lernerfolg, welche die allgemeine Aktivität und Aufmerksamkeit regulieren und die man beim Menschen frühkindlichen Erfahrungen zuordnet. Es handelt sich dabei konkret um verschiedene Aktivierungsgrade von Botenstoffen im Gehirn, wie beispielsweise Dopamin (anregend, antreibend), Serotonin (dämpfend) oder Acetylcholin (aufmerksamkeitssteuernd). Im Idealfall sollte ein Lehrer all diese Faktoren kennen und berücksichtigen.

- **Allgemeine Motiviertheit und Lernbereitschaft der Schüler:** Allgemein wird vor jeder Situation, in der man etwas tun soll, geprüft, ob das verlangte Verhalten Belohnung verspricht oder Unbehagen vermeiden hilft, das heißt in irgendeiner Weise attraktiv ist. Nur dadurch entsteht Lernbereitschaft über die Ausschüttung lernfördernder Stoffe (Noradrenalin, Acetylcholin). Während leichter, anregender Stress über die Ausschüttung von Noradrenalin generell lernfördernd wirkt, führt dagegen starker Stress – insbesondere verbunden mit Angst – zu einer starken Hemmung des Lernerfolgs.
- **Spezielle Motiviertheit der Schüler für einen Stoff, Vorwissen und aktueller emotionaler Zustand:** Interesse und Motiviertheit an einer Sache ist positiv korreliert mit der Gedächtnisleistung. In diesem Zustand sind die allgemeine Aufmerksamkeit (leichter Erwartungsstress durch Noradrenalin), die Neugier und die Belohnungserwartung (durch Dopamin) sowie die gezielte Aufmerksamkeit und die Konzentration (durch Acetylcholin) aktiviert. All dies führt in bestimmten Bereichen im Gehirn zur Bereitschaft zum Lernen und fördert die Speicherung des Wissens im Langzeitgedächtnis – ohne dass bisher bekannt wäre, wie das genau geschieht. Man geht derzeit davon aus, dass die Lerninhalte (Personen, Objekte, Orte, Geschehnisse etc.) im Gehirn sozusagen in verschiedenen „Gedächtnis-Schubladen" abgelegt werden, die einzeln abrufbar, aber auch untereinander vernetzt sind und ein Bedeutungsfeld bilden. In je mehr Gedächtnis-Schubladen ein Inhalt parallel abgelegt ist, desto besser ist das Erinnerungsvermögen.
- **Spezifischer Lehr- und Lernkontext:** Der Lernerfolg hängt nicht nur vom Grad des Vorwissens, der Aufmerksamkeit und der Motivation des Lernenden ab, sondern auch vom Kontext, in dem das Lernen stattfindet (wer hat wie vermittelt, wann und wo hat es stattgefunden). Ob das Lernen in einem angenehmen oder eher unangenehmen Rahmen stattgefunden hat, ist mitentscheidend für den Lernerfolg und wird zusammen mit dem Wissensinhalt abgespeichert. Entsprechend kann allein der Lernkontext förderlich oder hemmend für das Abrufen eines Wissensinhaltes sein.

Wissenschaftliche Erkenntnisse, dass Bewegung, Spaß und Spiel das Lernen des Menschen fördern [49], können auch direkt auf das Lauftier Pferd übertragen werden. Das gilt auch für die Kenntnis, dass im Gegensatz dazu Stress, Angst und ein Mangel an sozialen Kontakten nicht nur die Gesundheit gefährden, sondern auch das Lernvermögen beeinträchtigen.

Weitere Faktoren, welche die Lernfähigkeit behindern, sind Übererregung, Überforderung, Desinteresse und Lustlosigkeit. Spezielle Eigenschaften von Pferden, die das Lernen beeinträchtigen können, wenn sie nicht beachtet werden, sind ihre begrenzte Konzentrationsbereitschaft, leichte Ablenkbarkeit sowie teilweise auch Übereifer und

Ruhen in Seitenlage ist zur Festigung von Lerninhalten unabdingbar.

schnelle Ermüdung. Überhöhtes oder verlangsamtes Arbeitstempo kann in diesem Zusammenhang eine entscheidende Rolle spielen [115].

Auch der REM-Schlaf (Traumschlaf) ist eine wichtige Voraussetzung, um die Lernleistung zu fördern. Dieser kommt beim Pferd nur beim Ruhen in Seitenlage in ausreichender Ausprägung vor und ist für das Verarbeiten von Lernvorgängen im Gehirn Voraussetzung [177]. Deshalb sollte bei Pferden, die schlecht lernen, immer auch überprüft werden, ob möglicherweise deren Ruheverhalten beeinträchtigt ist. Außerdem ließe sich mancher Kampf zwischen Reiter und Pferd auf dem Übungsplatz vermeiden, wenn man die Pferde bei komplizierten Lernvorgängen zum Verarbeiten und Verinnerlichen eine Nacht über die gestellte Aufgabe schlafen lassen würde.

Die optimale Methode, um das Pferdegehirn aktiv in jeder Lern- oder Erinnerungsaufgabe einzubinden, besteht darin, ausreichende Abwechslung in den Aktivitäten des Pferdes vorzusehen. Pferde lernen inhaltsorientiert, einschließlich klassischer und operanter Konditionierung, sie können Verbindungen zwischen Ursache und Wirkung oder Reiz und Reaktion sehr schnell herstellen. Der Grund: Schnell zu lernen war in der Evolution von Vorteil für das Überleben [44].

Die Vorgänge der Belohnung und Bestrafung spielen eine wichtige Rolle bei der Entstehung eines Lernvorgangs. Diese Vorgänge treten in der Mensch-Pferd-Beziehung sowohl beabsichtigt, häufig aber auch unbeabsichtigt auf. Bedeutend ist, wie etwas beim Pferd ankommt. So wird zum Beispiel verbale Beschimpfung vom Menschen normalerweise zum Abstellen von Verhaltensweisen wie Boxenschlagen benutzt. Da das Pferd mit diesem Verhalten jedoch zumeist um Aufmerksamkeit heischt, wirkt die Reaktion des Halters als Erfolg und verstärkt somit das unerwünschte Verhalten nur noch.

Auch wenn ein Pferd vor einem Wagen dem Artgenossen die gesamte Zugarbeit überlässt und dabei die Zugstränge nur so weit gespannt hält, dass es den Anschein hat, dass es mitzieht, handelt es sich um einen Lernvorgang und nicht etwa um Simulieren – wie manchmal unterstellt wird. Das Pferd hat dabei gelernt, sich der Arbeit zu entledigen und zugleich die Strafe durch den Kutscher zu vermeiden, indem es nur soweit vorwärtsgeht, bis sich der (ungenau beobachtende) Kutscher nicht mehr veranlasst sieht, es verstärkt anzutreiben [115].

Belohnungen können in Form von positiver und negativer Verstärkung vorkommen und wirken durch Steigerung der Motivation für ein Verhalten. Demgegenüber reduziert Strafe die Motivation für ein Verhalten. Die Folge von Strafe ist von längerer Dauer und erzeugt eine stärkere Reaktion, die – einmal entstanden – wenig empfänglich für Abänderungen ist. Man sollte sich auch darüber im Klaren sein, dass die Effektivität der Verstärkungsmöglichkeiten sehr unterschiedlich ist, je nachdem wie sie eingesetzt werden: Während die intermittierende Belohnung die komplette Antwort zwar langsamer ausbildet als die kontinuierliche Variante, so ist der Lernerfolg jedoch dabei widerstandsfähiger gegenüber der Löschung, wenn die Belohnung einmal ausfällt.

Das Ausschlagen nach dem Besitzer oder dem Tierarzt, mit dem das Pferd schlechte Erfahrungen gemacht hat, oder auch die mangelnde Bereitschaft des Pferdes, sich auf der Weide von dem mit Reitkleidung erscheinenden Besitzer – anders als beim Heimholen mit Stallkleidung – einfangen zu lassen, sind sehr viel einfacher als mit einem Denkvorgang zu erklären: Sie sind das Resultat eines assoziativen Lernens –das heißt, die Pferde reagieren auf die Erfahrung, dass das Nachfolgen der Person mit Reitkleidung für sie mit unangenehmen Konsequenzen verbunden ist, was im Fall der Person mit Stallkleidung nicht der Fall ist. Pferde können aber auch Dinge assoziieren, die eigentlich nicht zusammengehören, was für den Menschen ärgerlich oder zumindest unangenehm werden kann. Wenn sie zum Beispiel an einer bestimmten Stelle im Gelände durch einen aufgescheuchten Vogel erschrocken sind, erwarten sie daraufhin dort noch lange wieder diesen Vogel [44].

Obwohl Pferde den Menschen schon Tausende von Jahren begleiten, ist überraschenderweise noch wenig über ihre kognitiven Fähigkeiten bekannt. Traditionell werden Pferde nicht als schlaue Tiere betrachtet und man nimmt allgemein an, dass deren Verhalten hauptsächlich aus konditionierten Reaktionen besteht. Esel werden gar als dumme Tiere bezeichnet. Dabei sind manche Pferde in der Lage, mit Lippen und Zähnen auch schwierige Knoten zu öffnen. Sie müssen dazu begriffen haben, dass das Lösen des Knotens nicht nur durch Ziehen am Seil zum Ziel führt, was nicht einfach ist. Hunde sind dazu zum Beispiel nicht in der Lage [17].

Tests haben gezeigt, dass Pferde auch lernen zu lernen. Man schließt aus entsprechenden Versuchen, dass die Tiere nicht nur lernen, ein Problem zu lösen, sondern auch das Prinzip, das hinter der Aufgabe steht, erlernen. Sie lösen dadurch ähnliche Aufgaben schneller, indem sie gezielter

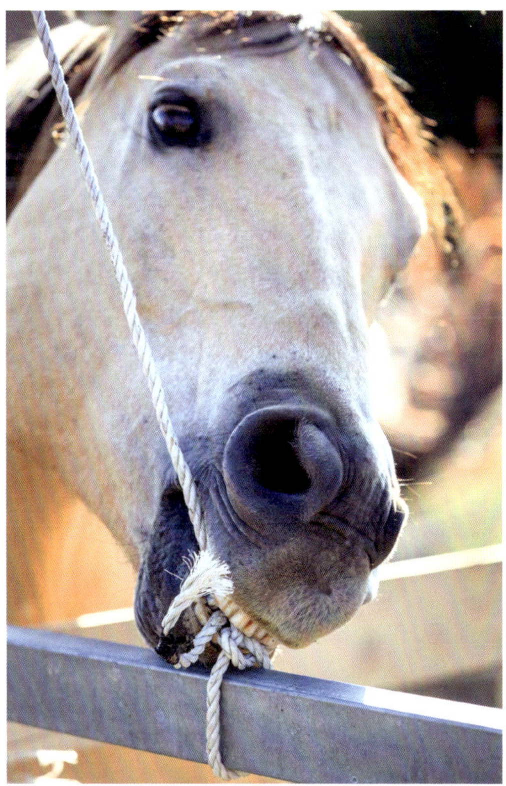

Pferde können mit Zähnen und Lippen auch komplizierte Knoten lösen.

Bei korrekter Ausbildung von Beginn an ist der Erfolg am schnellsten erreichbar.

an diese herangehen. Die Fähigkeit des Lernens zu lernen, wird von manchen als ein Indikator für gut entwickelte Intelligenz betrachtet [44].

Gedächtnis/zeitliche Faktoren beim Lernen

Pferde haben ein exzellentes Gedächtnis (besser als der Mensch): Wenn sie einmal etwas gelernt haben – sei es ein Verhalten oder eine Assoziation – vergessen sie es kaum mehr. Pferde waren in ihrem natürlichen Biotop nur erfolgreich, wenn sie die einmal über Versuch und Irrtum gefundenen erfolgreichen und für das Überleben relevanten Inhalte über eine lange Zeit (bis zu Jahren) auch ohne zwischenzeitliches Abrufen im Gedächtnis speichern konnten [115]. Viele Beispiele von exzellentem Gedächtnis und Abruffähigkeiten sind beim Pferd dokumentiert. Tatsächlich gibt es kaum ein Verhalten, das nicht zu einem gewissen Grad auf Gedächtnis beruht. Deshalb gibt ein Pferd normalerweise etwas einmal Erlerntes nur schwer auf, was zum Beispiel das Korrigieren von Fehlern in der Ausbildung so schwierig macht [44]. Das Gesetz des Ersten (*first learned is best learned*) ist daher beim Training von Pferden besonders zu beachten [122].

Erhalten Pferde gleichzeitig zwei identisch starke Reize, führt das zur Blockade. Dies ist bei der Ausbildung von Pferden relevant [122]. Von „Überschatten“ spricht man, wenn zwei Reize von verschiedener Stärke gleichzeitig auf ein Tier einwirken: Normalerweise überschattet dann der

Experimente zum Gedächtnis

Wenn Pferden zusehen können, wie Futter in einen von zwei Eimern geschüttet wird, wählen sie den richtigen Eimer nur dann korrekt, wenn sie sofort losgelassen werden. Bereits eine Verzögerung von zehn Sekunden führt zu unkorrekten Ergebnissen. Dies lässt vermuten, dass es bei Pferden Grenzen beim Abrufen von Erinnerungen in der Art gibt, dass sie kein zukunftsorientiertes Gedächtnis besitzen. Dementsprechend kann es bezüglich Wohlbefinden und Training Probleme geben, wenn die mentalen Fähigkeiten der Pferde während der Ausbildung überschätzt und die Effekte des Verzugs bei der Verstärkung verkannt werden [111].
Um die Fähigkeit zu testen, ein verstecktes Objekt sowie dessen räumliche Lokation im Gedächtnis zu behalten, wurde in einem anderen Experiment ein Futtereimer hinter einem von zwei identischen Schirmen versteckt, wobei das jeweilige Test-Tier zusehen konnte. Nach zehn Sekunden wurde das Tier losgelassen, um das Futter zu suchen. Sowohl Ponys als auch Esel lösten die Aufgabe. Somit hatten sie begriffen, dass ein Objekt, das nicht mehr wahrnehmbar ist, dennoch weiter vorhanden und erreichbar ist. Sie waren auch in der Lage, das Zielobjekt nach einer Verzögerung von zehn Sekunden korrekt wiederzufinden. Damit wurde klar, dass sie die räumliche Lage des versteckten Objekts genauso wie seine Existenz behalten und korrekt von ihrem aktiven Gedächtnis abgerufen haben. Die Ergebnisse lassen vermuten, dass Ponys und Esel wie andere Säuger eine aktive Gedächtnisspur über den Ort behalten, wo sie biologisch attraktive Objekte verschwinden gesehen haben [10].
Hingegen konnten Warmblutpferde, die in traditionellen Ställen aufgezogen wurden, identische Aufgaben nicht erfolgreich lösen. Die Gründe für diesen Unterschied müssen noch untersucht werden. Von Interesse sind dabei die unterschiedlichen Haltungs- und Umgangsbedingungen – die Ponys naturnah mit vielen Stimuli, die Warmblutpferde von Geburt an in vom Menschen kontrollierter Stallhaltung – sowie der züchterische Einfluss. Dabei ist zu bedenken, dass die verwendeten Esperia-Ponys wie auch die Esel den Ruf haben, „schwierig“ im Umgang zu sein [11].

stärkere Stimulus den schwächeren, was zu einer Verminderung der Reaktion auf den schwächeren Reiz führt. Diese Phänomene erklären die Abschwächung von Reaktionen in bestimmten Fällen, aber auch nachfolgendes Konfliktverhalten als ein Ergebnis der Einwirkung von zwei konkurrierenden aversiven Stimuli. Es gibt jedoch auch etwas Positives an diesem Vorgang. Er liefert eine effiziente Methode zur Desensibilisierung:

Man kann einen Stimulus, der eine erlernte Reaktion hervorruft, zum Beispiel das Rückwärtsrichten, mit einem aversiven Stimulus, zum Beispiel einer Schermaschine, auf der niedrigsten Schwelle der Aversivität (nur geringe Meidereaktion) kombinieren. Die Stimulus-Reaktions-Einheit der erlernten Reaktion überschattet dann den aversiven Stimulus – allerdings nur, wenn die erlernte Reaktion gleichzeitig einer Neuschulung unterzogen wird. Der aversive Stimulus kann dann schrittweise näher an das Pferd herangebracht werden und der Vorgang wird wiederholt, bis die Desensibilisierung eingetreten ist. Desensibilisierung durch Überschatten scheint vergleichsweise schnell zu erfolgen, speziell bei stark aversiven Stimuli. Dies liegt möglicherweise daran, dass die Aufmerksamkeitsmechanismen durch den Wiedererwerb der (überschattenden) erlernten Reaktion abgelenkt sind [110].

Erfolgreiches Lernen und Erinnern ist extrem bedeutend in der Mensch-Tier-Beziehung und bei Trainingsprogrammen. Für einen optimalen Lerneffekt ist es notwendig, dass die Verstärkungsmaßnahme unmittelbar oder zumindest so zeitnah wie möglich erfolgt. Verzögert man die Belohnung mit

Futter um nur zehn Sekunden, kann das bereits das Lernergebnis bei Experimenten verschlechtern. Gegen unerwünschtes Boxenschlagen hilft es zum Beispiel, das Nichtausüben dieses Verhaltens zeitnah zu belohnen: Das Pferd erhält nur dann Futter, wenn es über eine Zeitdauer von fünf bis zehn Sekunden nicht an die Boxenwand geschlagen hat. Die Zeitdauer kann erhöht werden, wenn das unerwünschte Verhalten nachlässt [27].

Lernen durch Nachahmung

Soziales Lernen ist bei in Gruppen lebenden Tieren üblich, wenn sie Informationen über die Umgebung (was kann gefressen werden, was ist gefährlich) vom Verhalten der Artgenossen erfahren können. Soziales Lernen geht schneller und ist ungefährlicher als Lernen durch Versuch und Irrtum [27].

Echtes Lernen durch Beobachten erfordert höhere mentale Fähigkeiten hinsichtlich Überlegen und Einsicht. In wissenschaftlichen Untersuchungen konnte man lange nicht nachweisen, dass Pferde in der Lage sind, durch Zuschauen bei der Lösung einer Aufgabe durch andere Pferde oder den Menschen diese zu erlernen [44]. Aus praktischen Erfahrungen wurde allerdings immer vermutet, dass junge Pferde von den Erfahrungen der älteren Artgenossen lernen.

Aktuelle Untersuchungen deuten nun darauf hin, dass Lernen durch Beobachten durch einen Dominanzfaktor beeinflusst wird. Das heißt, dass sich die Tiere nur für die Aktionen eines ranghöheren Artgenossen interessieren beziehungsweise sich eher durch diesen motivieren lassen. Außerdem zeigt sich, dass in diesem Zusammenhang auch die gerade aktuelle Motivation sowie die Aufmerksamkeit von wesentlicher Bedeutung sind [81] [122].

Interessanterweise können Pferde auch durch das Beobachten von ihnen bekannten, ranghöheren Artgenossen bei deren Umgang mit dem Menschen relevante Informationen gewinnen. Wenn sie sich danach in einer ähnlichen Situation mit diesem Menschen befinden, gleichen sie ihr Verhalten dem beobachteten Pferd an. Wenn so zum Beispiel von einem Pferd beobachtet wird, wie der ranghöhere Artgenosse dem Menschen im Round Pen frei nachfolgt, werden sie dies auch tun. Sie werden sich allerdings auch genauso gegen eine Anforderung widersetzen, wenn sie beobachtet haben, dass der Ranghöhere sich dagegen wider-

Fohlen erhalten von der Stute durch soziales Lernen wichtige Informationen.

Experimente zum Lernen durch Nachahmung

Tests mit einem trainierten Demonstrationspferd und drei Gruppen mit jeweils 6 Versuchspferden:

- Beobachtungsgruppe sieht das Demonstrationspferd die Aufgabe lösen (Eimer mittels einem Fußpedal öffnen)
- Gruppe sieht passiven Demonstrator
- Gruppe ohne Demonstrator

Es gab keine signifikanten Unterschiede zwischen den Behandlungsgruppen in der Anzahl der Versuche und der Zeit, das Lernkriterium zu erreichen. Es wurden aber hochsignifikante Unterschiede zwischen den Rassen gefunden: Nichtwarmblutpferde (diverse Ponyrassen) machten mehr Versuche, den Eimer zu öffnen und zu fressen, sie fraßen von dem Eimer früher und erreichten das Lernkriterium früher als Warmblutpferde. Es wurde auch eine signifikant negativ lineare Beziehung zwischen dem Pferdealter und der Beschäftigung mit dem Eimer festgestellt: Jüngere Pferde haben mehr Erkundungsverhalten gezeigt als ältere Pferde [94].
Tests mit 5 Demonstrationspferden und insgesamt 25 Beobachter-Pferden sowie 14 Kontrollpferden ohne Demonstration: Die Demonstrationspferde wurden darauf trainiert, eine Futterkiste zu öffnen. Sobald sie die Aufgabe gelernt hatten, wurden 5 Pferde, die das jeweilige Demonstrationspferd kannten, einzeln dazu geführt, um den erlernten Vorgang zu beobachten. Darauf wurde das Demonstrationspferd weggeführt und der Umgang des Beobachters mit der Futterkiste studiert. Ergebnisse:

- Von den 25 Beobachtern lernten 12 („Lerner"), die Futterkiste im vorgegebenen Zeitraum zu öffnen, 13 Beobachter schafften es nicht („Nichtlerner").
- Von den 14 Kontrollpferden lernten nur 2 die Aufgabe.
- Die „Lerner" waren signifikant jünger, niedriger im Rang und erkundungsfreudiger als die „Nichtlerner".
- Die „Lerner" waren auch signifikant jünger als ihr Demonstrationspferd.

Schlussfolgerung:
Es konnte nachgewiesen werden, dass Pferde zu sozialem Lernen fähig sind. Dabei spielen allerdings das Alter, der soziale Rang und der Bekanntheitsgrad sowie die Erkundungsfreudigkeit der beteiligten Tiere eine Rolle [83].

setzt hat. Im Gegensatz dazu wird ein ranghohes Tier kein beobachtetes Verhalten von einem Artgenossen nachahmen, der rangniederer ist [85].

Die Erkenntnis, dass junge, rangniedere Pferde sowohl das Verhalten als auch Lerninhalte von älteren, ranghöheren Gruppenmitgliedern kopieren, können in der Praxis umgesetzt werden. Um moderne Pferdehaltung und Training schonend und tierschutzgerecht zu gestalten, können die sozialen Lernfähigkeiten der Pferde berücksichtigt und auch gezielt eingesetzt werden, indem altersmäßig gemischte Gruppen zusammengestellt werden oder das Training von jungen Pferden zusammen mit ranghohen, erfahrenen und gelassen agierenden Pferden durchgeführt wird [81].

Dennoch gibt es offensichtlich auch bestimmte Verhaltensweisen, die nicht nachgeahmt werden. So wäre es zum Beispiel gern gesehen, wenn Pferde das Abkotverhalten desjenigen Artgenossen nachahmen würden, der seine Box peinlich sauber hält und ausschließlich in den Paddock kotet. Doch das ist leider nie geschehen – allerdings auch nicht in der umgekehrten Richtung.

Ähnlich scheint es mit stereotypem Verhalten zu sein. Doch obwohl verschiedene Untersuchungen dies nicht bestätigen konnten, besteht die weitverbreitete Ansicht unter Pferdebesitzern, dass stereotype Verhaltensweisen wie Weben oder Koppen durch soziales Lernen erworben werden können [27] [124]. Pferde mit derartigen Verhaltensstö-

Das gerittene Pferd sollte beim Handpferdereiten nicht nur zuverlässig, sondern auch ranghöher sein, da sich rangniedere Tiere am Verhalten der ranghöheren orientieren.

rungen werden deshalb häufig isoliert gehalten, was deren Situation aber nur noch verschlechtert. Wenn in einer Haltungseinheit mehrere Pferde Verhaltensstörungen zeigen, ist die Ursache wohl eher in den für alle Pferde entsprechenden ungünstigen Umgebungsbedingungen zu suchen als in sozialem Lernen. Es ist in diesem Zusammenhang auch bekannt, dass Pferde eher mit der Entwicklung von Stereotypien auf suboptimale Bedingungen reagieren, je höher sie im Blut stehen.

Gewöhnung

Unter Gewöhnung versteht man die Fähigkeit eines Tieres, auf wiederholt auftretende Reize dauerhaft nicht mehr zu reagieren. Dabei wird im Gedächtnis festgehalten, dass mit diesen konkreten Reizen weder positive noch negative Folgen verbunden sind [66] und somit dafür kein Energieaufwand mehr nötig ist.

Methoden der Gewöhnung an Angst auslösende Reize:

- Systematische Desensibilisierung, das heißt langsam ansteigende Reizstärke
- Reizüberflutung durch Einwirkung einer hohen Reizstärke, bis Beruhigung eintritt

Gewöhnung erfolgt besser, wenn Reize nicht nur wiederholt, sondern auch rhythmisch und – bei verschiedenen Reizen – auch gleichzeitig einwirken. Bei manchen Reizen und Individuen ist es wichtig, dass das Pferd nicht fliehen kann, bevor die Gewöhnung eintritt. Sonst können weitere Reizeinwirkungen in Form von gesteigerter Panik anstelle von Akzeptanz erfolgen. Führt ein Reiz

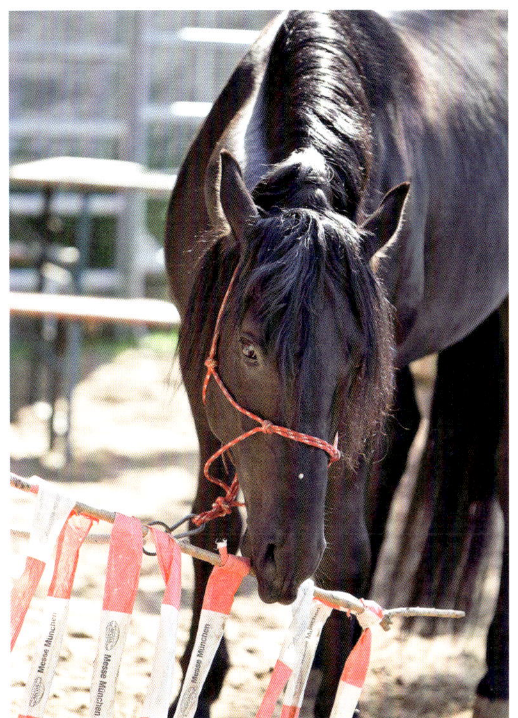

Was man in Ruhe beriechen und beknabbern kann, wird auch schnell als ungefährlich eingestuft.

Gewöhnung an eine Schermaschine

Die Gewöhnung von Pferden an das Geräusch elektrischer Schermaschinen für zehn Minuten während zwei Fütterungszeiten pro Tag über 25 Tage – als Versuch der Verbesserung des Verhaltens auf Fremdes durch Verbindung mit einer emotional angenehmen Situation – reduzierte das Kopfschlagen während des Scherens im Genick signifikant. Das zusätzliche Gewöhnen an das Vibrieren der Schermaschinen verbesserte die Reaktion der Pferde nicht und wurde daher als nicht erforderlicher Aufwand bewertet [99].

Wenn Pferde auf einer Körperseite an einen Reiz gewöhnt sind, muss dies auch auf der anderen Seite praktiziert werden [117].

allerdings bereits unmittelbar zu heftiger Reaktion, muss mit langsamer Annäherung eine Gewöhnung erarbeitet werden, wobei jede Stufe des Nichtreagierens belohnt werden sollte. Den Augenblick, in dem die Gewöhnung eintritt, kann man sehen: Die Merkmale der Angst (allgemeine Anspannung) verschwinden und die Augen wandern weg von der Quelle des Angstauslösers. Das Pferd wird auf diesen spezifischen Reiz nicht mehr reagieren. Doch man muss auch wissen, dass eine geringfügige Änderung des Reizes wieder zu Angst- und Fluchtreaktionen führen kann [117].

Untersuchungen haben ergeben, dass Pferde in der Lage sind, die Gewöhnung an ursprünglich angstauslösende Objekte insoweit zu generalisieren (auch auf andere Objekte zu übertragen), wenn Form und Farbe ähnlich sind. Dabei hat sich erstaunlicherweise aber auch herausgestellt, dass Pferde zwischen ähnlich gefärbten, jedoch bis zu einem gewissen Grad unterschiedlichen geformten Objekten am schnellsten generalisieren. Für die Generalisierung ist somit die Farbe der Objekte entscheidender ist als die Form. Diese Ergebnisse zeigen, dass es möglich ist, bei Pferden durch die Gewöhnung an möglichst viele verschiedene Farben und Formen eine weitreichende Objektgeneralisierung zu erreichen. Mit diesem Wissen können Pferde darauf trainiert werden, auch beim Auftreten von unbekannten Objekten ruhig zu bleiben [175] [176].

Wer mit Pferden umgeht, sollte wissen, dass sie zuerst einmal grundsätzlich alles, was sie nicht kennen (zum Beispiel auf dem üblichen Reitweg ist ein Holzstoß neu errichtet) oder was sich verändert hat (zum Beispiel auf dem üblichen Reitweg ist der zwischenzeitlich bekannte Holzstoß entfernt), als potentiell gefährlich einstufen und je nach Ereignis mit Erstarren, Scheuen oder Flucht reagieren (Neophobie). Pferde können aber andererseits auch schnell an ursprünglich furchteinflößende, jedoch nicht schmerzhafte oder ansonsten schädigende Reize gewöhnt werden, einschließlich Geräusche, Ansichten, Berührungen und Gerüche. Pferde sind somit ausgesprochene „Gewohnheitstiere“.

Geflügel ist für viele Pferde offensichtlich besonders suspekt und die Gewöhnung erfordert Geduld und Einfühlungsvermögen.

So können sich Pferde zum Beispiel auch schnell an Gewehrschüsse gewöhnen, wenn diese mehrfach hintereinander abgegeben werden. Für ein Gutachten wurde das Verhalten einer Herde von 20 Araberstuten auf einer Weide (etwa 2 ha) beobachtet. Die Entfernung zwischen den Pferden und dem Schützen betrug zwischen 175 und 300 Metern. Die grasende Herde befand sich südlich vom Schützen, geschossen wurde Richtung Westen. Bei der verwendeten Munition handelte es sich um übliche (nicht geräuschreduzierte) Schrotpatronen. Es wurden innerhalb von drei Minuten sechs Schüsse abgegeben. Beim ersten Schuss (81,2 dB) hoben alle Stuten ruckartig den Kopf und schauten in Richtung Geräuschquelle. Eine Fortbewegung (Fluchtbewegung) fand nicht statt. Nach etwa zwei bis drei Sekunden begannen die ersten Pferde bereits wieder mit der Futteraufnahme. Beim zweiten Schuss (83,3 dB) unterbrachen noch 17 Prozent der Pferde kurz die Futteraufnahme und schauten zum Schützen, beim dritten Schuss (83,8 dB) nur noch 14 Prozent. Auf die weiteren drei Schüsse (85,6/86,2/83,0 dB) war jeweils keine Reaktion der Pferde mehr feststellbar. Einige Pferde bewegten sich ruhig im Schritt fort.

Viele Pferde- und Reitstallbesitzer fürchten negative Auswirkungen auf das Verhalten der Pferde, wenn Windenergieanlagen in näherer Umgebung errichtet werden sollen – dies insbesondere wegen der ungewöhnlichen optischen und akustischen Reize solcher Anlagen. In einem Gutachten wurden dazu in 15 Betrieben mit insgesamt 424 Pferden Befragungen zu den diesbe-

Ungewöhnliche Geräusche

An was sich das Vollblutpferd zu gewöhnen vermag, schildert Tierarzt J. Pape (1960) eindrucksvoll mit folgendem Erlebnis:
„Vor dem Eingang eines Stalles war ich mit der Untersuchung eines Rennpferdes beschäftigt. Ganz unvermittelt erhob sich in der ländlichen Stille ein ohrenbetäubendes Brausen, als ob im nächsten Moment in geringster Entfernung eine Fliegerbombe oder Granate einschlagen würde. Aufgrund der Erfahrung aus zwei Weltkriegen trat bei mir Kurzschlussreaktion ein und ich sprang, um volle Deckung zu nehmen, zur Seite. Das Pferd blieb ruhig stehen, als ob nichts geschehen wäre. Es hatte sich daran gewöhnt, dass in nächster Nähe des Gestüts auf einem Militärflugplatz Düsenmaschinen starten“ [126].

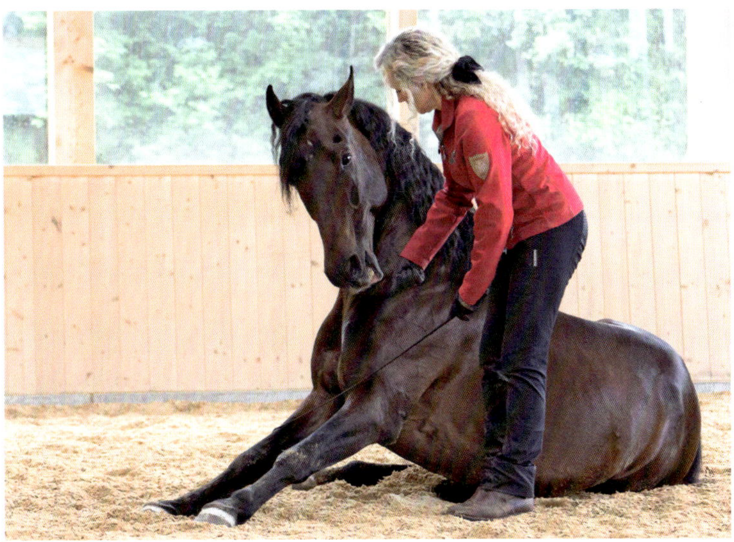
Mit Belohnungslernen lassen sich Pferde relativ einfach zu verschiedensten Körperhaltungen bringen.

züglichen Erfahrungen durchgeführt. Nur in elf Fällen (2,6 Prozent) traten überhaupt bemerkbare Reaktionen bei den Pferden auf, wie Über-den-Schattenwurf-Springen, Scheuen oder Unruhe. In keinem Fall wurde Steigen oder Durchgehen vermeldet. Bei den meisten dieser reagierenden Pferde konnte spätestens nach drei bis vier Wiederholungen Gewöhnung festgestellt werden. Auf der Weide traten im Gegensatz zu in Boxen stehenden Pferden keine Probleme auf. Selbst ein Turnier mit über 300 Teilnehmern fand ohne negative Reaktionen der Pferde statt, obwohl die Windenergieanlage nur 150 Meter vom Außenprüfungsplatz entfernt war. Dabei waren einige Pferde sicherlich zum ersten Mal mit einer Windenergieanlage konfrontiert [152].

Lernen durch positive Verstärkung (= Belohnungslernen)

Lernen durch positive Verstärkung bedeutet Lernen am Erfolg. Dabei wird allgemein eine Beziehung zwischen einer (spontanen) Handlung und einer entsprechenden Konsequenz (Verminderung eines Bedürfnisses) hergestellt. Positiv verstärkend ist eine Konsequenz (Reiz), welche die Wahrscheinlichkeit des Auftretens eines Verhaltens erhöht, wenn sie zu einer Situation hinzukommt.

Voraussetzungen für den Lernerfolg sind

- die Beständigkeit zwischen Handlung und Konsequenz und
- die unmittelbare Konsequenz auf die Handlung.

Die Grenzen des Bereichs von Schwierigkeiten, in denen Erfolg (oder Misserfolg) erlebt werden, decken sich in etwa mit den Grenzen der tatsächlichen Leistungsfähigkeit:

- Bei zu leichten Aufgaben wird kein Erfolg erlebt.
- Bei zu schweren Aufgaben kommt es zum Erleben von Überforderung/Frustration [71].

Die Verstärkung erfolgt definitionsgemäß durch einen Reiz, der nach mehr oder weniger häufiger Darbietung die Kontrolle über eine Reaktion erlangen kann. Bei den Verstärkerarten unterscheidet man:

- Primäre Verstärker: Das sind Reize, die ohne vorherigen Lernprozess verstärkend wirken,

da sie physiologische Bedürfnisse befriedigen (Beispiele: Futter, Wasser, Spiel, Körperpflege).
- Sekundäre Verstärker:
  Das sind ursprünglich neutrale Reize, die durch wiederholte Koppelung mit primären Verstärkern selbst zum Verstärker wurden (Beispiele: Stimme, Geräusche („Klicker"), optische Reize (siehe auch nächstes Kapitel).

Futterbelohnung ist ein weit verbreiteter positiver Stimulus in Lern- und Verhaltensexperimenten mit Pferden. Variable Verstärkungsmöglichkeiten (Futter, ruhige Stimme, Streicheln) steigern die Robustheit der konditionierten (eingeübten) Antwort. Kontinuierliche Verstärkung, bei der das Tier für jede richtige Reaktion belohnt wird, führt zwar zu schnellem Lernen während der Schulung. Doch resultiert daraus auch eine nur geringe Festigkeit gegenüber dem Erlöschen unter den nachfolgenden Arbeitsbedingungen – das heißt, wenn die Belohnungen nicht mehr stetig erfolgen. Um diesem entgegenzuwirken, sollte man im Verlauf der Schulung eine gewisse Unvorhersehbarkeit für verschiedene Belohnungen einführen, indem man zum Beispiel am Ende nur jede fünfte richtige Reaktion belohnt [27].

Die Futterbelohnung sollte möglichst variieren, sodass man für besondere Leistungen auch eine besondere Belohnung parat hat und damit die Motivation noch steigern kann [120].
Ein optimaler Verstärkungsplan sieht dementsprechend folgendermaßen aus:
1. Verhaltensaufbau: kontinuierliche Verstärkung
2. Verhaltensstabilisierung: über einen längeren Zeitraum abnehmende intermittierende variable Verstärkung [71]

Was der Mensch unbedingt vermeiden sollte, ist das unbeabsichtigte Konditionieren: Deshalb darf zum Beispiel eine Trainingseinheit nie mit einem

Untersuchung zur Wirkung des Menschen als Verstärker

60 Pferde wurden darauf getestet, ob und wie Menschen als Verstärker auf die Wahl des richtigen Eimers (mit Futter) wirken können. Schlussfolgerungen aus den Ergebnissen: Pferde können Menschen als lokale Verstärker nutzen, unabhängig von ihrer Körperposition oder ihrem Blickkontakt, wenn die Person nahe an der Futterquelle verbleibt. Die Pferde scheinen sich dabei jedoch mehr an bekannten Personen zu orientieren als an unbekannten [84].

Möglichkeiten der Verstärkung		
Kontinuierliche Verstärkung	Jede Reaktion wird verstärkt	Erfolg am schnellsten erreichbar
Intermittierende Verstärkung	Nicht jede Reaktion wird verstärkt	Höchste Löschungsresistenz
• Quotenverstärkung	Jede x-te Reaktion wird verstärkt	
• Zeitintervallverstärkung	Die erste Reaktion in jedem x-Minuten-Intervall wird verstärkt	
Fixierte Verstärkung	Vorhersage gut möglich	Stark wechselnde Verhaltenshäufigkeiten
Variable Verstärkung	Quote- oder Zeitintervall-Kriterium ergibt sich nur im Durchschnitt, keine Vorhersage möglich	Gleichmäßiges Verhalten wird erreicht

Sobald Pferde sogar beim Fressen auf den Klicker reagieren, sind sie ausreichend darauf konditioniert.

Fehlverhalten beendet werden, da das Pferd das Arbeitsende als Belohnung auf dieses Verhalten registriert und es somit wiederholen wird (Train-the-Trainer Effekt). Lernen durch Konditionierung macht den Hauptteil der Fähigkeiten des Pferdes im Umgang mit seiner Umwelt einschließlich des Menschen aus! Diese Fähigkeit ist in vielen verschiedenen Situationen nutzbar und bei bewusster und korrekter Anwendung höchst dienlich [44].

Lernen mit sekundärer Verstärkung

Das Klickertraining ist die bekannteste Art des Lernens mit sekundärer Verstärkung. Es ist eine ernsthafte und wissenschaftlich begründete Lernmethode, die seit vielen Jahren zur Ausbildung unterschiedlichster Tierarten – zum Beispiel Delfine, Hunde, Pferde – eingesetzt wird und den klar definierten Regeln der operanten Konditionierung folgt:

- Konditionieren des Tieres auf den Klicker: „Klick" und gleichzeitige Futtergabe bei der Lösung einer einfachen Aufgabe, zum Beispiel beim Berühren eines Gegenstandes. Wird dies mehrmals wiederholt, wird der unspezifische Verstärker (Klickgeräusch) mit dem positiven Verstärker (Futter) verknüpft und dadurch selbst zum positiven Verstärker (= operante Konditionierung).
- Ob ein Pferd auf den Klick = Belohnung konditioniert ist, kann man daran feststellen, dass es den Kopf hebt und herschaut, wenn der Klicker betätigt wird; auch dann, wenn es zuvor abgelenkt ist.
- Bei den weiteren Übungen mit dem Klicker ist es wichtig, den Klick exakt zu timen und die Futterbelohnung anfangs sehr schnell zu geben. Damit wird erwünschtes Verhalten unmittelbar mit einer Belohnung verbunden, was das Verstehen enorm erleichtert.
- Mit dem Klicker kann relativ einfach das gewünschte Verhalten – das nicht im natürlichen Verhaltensrepertoire des Organismus vorhanden sein muss – in kleinen Schritten geformt werden (Shaping). Dabei kann man entweder auf das Auftreten (auch von kleinsten Tendenzen) gewünschter Verhaltensmerkmale warten und diese belohnen oder man fördert deren Auftreten mit entsprechenden Hilfsmitteln.

Das Besondere am Klickertraining ist die enorme und auffallende Motivation, mit der die Tiere bei der Arbeit sind. Mit wie viel Spaß, Konzentration und Ausdauer die Tiere beim Klickertraining arbei-

Experiment zur sekundären Verstärkung

Der Versuch wurde an 48 Pferden durchgeführt. Die Tiere erhielten bei Wahlversuchen eine Futterbelohnung, die bei einem Teil der Pferde mit einem Ton sekundär verstärkt wurde. Die Versuchsergebnisse lassen darauf schließen, dass der sekundäre Verstärker die Ausprägung der Lernantwort nicht verlängern kann, das Lernen selbst aber erleichtert [103].

ten, das muss man erlebt haben. Dies liegt sicher unter anderem daran, dass bei diesem Training auf jeglichen Zwang oder Druck verzichtet wird. Außerdem kann durch ein einzigartiges Marker Signal (Klicker) dem Tier sehr präzise mitgeteilt werden, dass das, was es gerade tut, richtig ist. Wenn Pferde dies einmal begriffen haben, wirken sie richtiggehend erleichtert. Viel zu oft ist die Kommunikation zwischen Mensch und Pferd durch unklare Hilfengebung und Körpersprache, zu vielen und vor allem uneindeutigen Signalen verwaschen und dadurch für das Pferd nur verwirrend. Als Herdentiere wollen und müssen Pferde von Natur aus kooperieren. Sie schätzen es ganz offensichtlich, wenn ihnen auf einfache Art klargemacht wird, was ihre Aufgabe ist. Deshalb ist es mitunter das Schwierigste am Klickertraining, mit der Arbeit aufzuhören, denn die Pferde möchten am liebsten immer weiter machen. Von welcher Ausbildungsmethode kann man das sonst noch sagen?

Das Klickertraining verlangt jedoch vom Trainer enormes Umdenken und insbesondere hohe Konzentration. Er muss sich von dem Glauben lösen, dass Pferde sich unterwerfen müssen und dass Druck und Zwang immer nötig sind, um zu den geforderten hohen Leistungen zu gelangen. Die Ausbildung des Pferdes mit dem Klicker wird für dieses zu einem positiven Ereignis. Das Pferd empfindet das Training als angenehmes Spiel. Das Klickertraining verlagert den Blickpunkt auf das, was das Pferd schon kann und was sich darauf aufbauen lässt, und nicht darauf, was es schlecht macht oder nicht kann. Alles, ob Grundausbildung oder Hohe Schule der Reiterei, kann zumindest zusätzlich mit dem Klicker trainiert werden. Es ist kein Ersatz für, aber eine Bereicherung anderer Techniken. Die klare Antwort des Klickers beschleunigt die Lernkurve und ermöglicht ein fleißiges und zufriedenes Pferd.

Man kann den Klicker auch in Verbindung mit einem negativen Verstärker (unangenehme Einwirkung) einsetzen, um das Verstehen zu erleichtern: Wenn ein auf den Klicker konditioniertes Pferd rückwärtsgehen soll, klopft man zum Beispiel mit der Gerte leicht an die Vorderbeine. Wenn das Pferd daraufhin einen Schritt rückwärts macht, wird es mit dem Klicker belohnt und begreift sehr schnell, dass das die gewünschte Reaktion war [120].

Lernen durch negative Verstärkung (= Vermeiden einer unangenehmen Einwirkung)

Negativ verstärkend ist ein Reiz, der die Wahrscheinlichkeit des Auftretens eines Verhaltens erhöht, wenn er aus einer Situation entfernt wird. In vielen Reitdisziplinen werden für das Erlernen der erwünschten Verhaltenssequenzen meistens negative Verstärkungselemente gebraucht. Pferdetrainer sind sich dabei jedoch größtenteils gar nicht bewusst, dass sie negative Verstärkung einsetzen [122]. Ausgangspunkt des Lehr- und Lernprozesses bildet dabei die Einwirkung des Reiters („Aktion"). Reagiert das Pferd darauf nicht in erwünschter Weise, dann macht der Reiter Druck – mit Schenkeln, Sporen, Gerte und/oder Zügeln. Reagiert das Pferd auf den Druck in erwünschter Weise, dann folgt der Reaktion des Tieres korrekterweise unmittelbar(!) die Belohnung in Form der Beendigung des Drucks. Das Pferd reagiert dabei nicht nur und nicht in erster Linie auf die dem Druck folgende Belohnung (das ist die Auslegung der pazifistischen Ausbilder), sondern zunächst sicher auf das Unangenehme des Reizes, nämlich auf die physische und/oder psychische Belastung, die von dem Druck ausgeht.

Diese Art des Reagierens lernt das Pferd allerdings nicht erst bei der reiterlichen Ausbildung; sie gehört vielmehr zum angeborenen Inventar des lernfähigen Lebewesens zum Beispiel in der Mutter-Kind-Beziehung, in Gruppen mit Artgenossen und auch in der Mensch-Pferd-Beziehung beim Tierhalter. Das Vermögen, aufgrund von unangenehmen Einwirkungen zu lernen und diese unverzüglich und konsequent zu unterbinden, stellt somit eine lebensdienliche beziehungsweise eventuell auch überlebensnotwendige Technik dar [115].

Diese Art der Ausbildung ist deshalb grundsätzlich nicht zu verurteilen, wichtig ist nur jederzeit zu wissen, wie der Lernvorgang vonstattengeht. Lernfortschritte stellen sich dabei nur bis zu einem gewissen (Höchst-)Maß an Druck ein. Auf diesen reagieren die Pferde unter anderem mit Verhaltensweisen, die über ihre natürliche Bereitschaft hinausgehen können. In diesem Bereich ist das reiterliche Können und Einfühlungsvermögen besonders wichtig, da die Schwelle zu Überforderung und Frustration leicht erreicht ist.

Die Art, in der der Reiter Druck ausübt, sollte sich im Verlauf der rücksichtsvollen Ausbildung des Pferdes erheblich verändern, das heißt in diesem Falle reduzieren. Die Verfeinerung der Einwirkung darf dabei nicht darüber hinwegtäuschen, dass das Pferd in erster Linie weiterhin beziehungsweise immer wieder auf Druck reagiert. Auch der Reiter ist weiterhin und immer wieder darauf angewiesen, mithilfe einer markanten Einwirkung die Reaktion des Pferdes auf die verfeinerte Hilfe zu verbessern und zu stabilisieren. Wenn Pferde die Bereitschaft, auf fein dosierte präzise Hilfen mit uneingeschränkter Leistungsbereitschaft und Gehorsam zu folgen, immer wieder verlieren, liegt dies nicht daran, dass sie das Gelernte unzuverlässig und/oder wenig dauerhaft speichern, sondern dass die geforderten Lektionen über die spontanen und natürlichen Bereitschaften des Tieres hinaus gehen [115].

Aus der Erfahrung, dass Pferde unter Anwendung verschiedener Lernverfahren die gleiche Anzahl an Versuchen benötigten, um das jeweilige Kriterium zu erreichen, sollten insbesondere Ausbilder, die negative Verstärkung nutzen, nur kurze oder wenige Einsätze pro Übungseinheit durchführen und Pausen zwischen den Trainingseinheiten einlegen [124].

Nach Monty Roberts soll ein Pferd, das nicht mit dem Trainer am Boden kooperiert, im Round Pen weggejagt werden, bis es beginnt, mit der Person über bestimmte Signale – Ohr zum Trainer, Kauen, Lecken, Strecken von Kopf und Hals – Kontakt aufzunehmen. Danach wird dem Pferd erlaubt, zum Menschen zu kommen, es wird gestreichelt und eingeladen zu folgen. Dieses Vorgehen wird von den Pferdeflüsterern als „sanfte“ Methode für das erste Training von Pferden angesehen. Es soll auch das normale Verhalten von Pferden in der Herde widerspiegeln [140].

Die Ergebnisse wissenschaftlicher Untersuchungen zu dieser sogenannten Round-Pen-Technik lassen jedoch vermuten, dass die Pferde nur lernen, wie sie es vermeiden können, gejagt zu werden. Das bedeutet, es handelt sich um Lernen

Experiment zum Lernen

Bei 39 jungen Warmblutpferden wurde Vermeidungslernen (Luftstoß) im Vergleich zu Belohnungslernen (Futter) untersucht. Die Pferde wurden mit einem Jahr und mit zwei Jahren getestet. Die Pferde zeigten beständige individuelle Lernfähigkeiten in allen Tests, sowohl was das Alter als auch was die Lernhilfe anbetraf. Aus den Ergebnissen wird geschlossen, dass die individuellen Lernfähigkeiten über ein längeres Zeitintervall beim Vermeidungstest und ein kurzes Zeitintervall beim Belohnungstest beständig sind. Die Ergebnisse zeigen aber auch, dass manche Pferde besser lernen, wenn sie einen aversiven Stimulus vermeiden müssen, während andere besser lernen, wenn die richtige Reaktion belohnt wird. Diese Unterschiede weisen darauf hin, dass Ablauf und Methode des Trainings nur dann optimal sind, wenn es individuell abgestimmt ist [163].

Bei jeder Arbeit mit Pferden muss ein gewisser Druck aufgebaut, aber auch immer wieder zur rechten Zeit herausgenommen werden.

durch negative Verstärkung [19]. Diese Schlussfolgerung ergibt sich auch aus den Beobachtungen, dass die Pferde mit jeder Wiederholung der Übung dem Menschen schneller folgen, dass die Reaktion auch schnell auf andere Personen übertragen (generalisiert) wird, dass aber ein Folgen auf einer großflächigen Arena (Weide) nicht gelingt. Das erlernte Verhalten ist offenbar an die Umgebung des Round Pen gebunden. Es war bei den diesbezüglichen Untersuchungen auch unwesentlich, ob der Trainer das Pferd gestreichelt hat oder nicht [61] [79]. Aufgrund der Ergebnisse einer weiteren Untersuchung wird bezweifelt, dass soziale Bindungen bei Pferden über negative Verstärkung entstehen [168].

Insgesamt spricht grundsätzlich nichts gegen die Anwendung der Round-Pen-Technik, wenn man dabei sorgsam vorgeht, auf die individuellen Reaktionen der Pferde achtet und konsequent reagiert.

Im Umgang mit Pferden muss Druck zwar sein, doch man kommt mit wenig Druck aus, wenn man ihn richtig einsetzt. Liebe zum Pferd ist nicht Hätscheln und völliges Vermeiden von Druck, sondern bedeutet, sich der Mühe zu unterziehen, eine für das Pferd leicht verständliche Körpersprache zu entwickeln und einzusetzen, die notwendige Geduld aufzubringen, bis das Pferd in aller Ruhe einen Lernschritt durchdacht und verinnerlicht hat, und das Pferd seinen speziellen Eignungen entsprechend zu fördern. Bei aller Konsequenz bedeutet es aber vor allem, die ganze Zeit, die man mit dem Pferd verbringt, so zu gestalten, dass alle Beteiligte möglichst immer Spaß haben.

Lernen durch Bestrafung

Strafe wird häufig als ein Verfahren dargestellt, das den Lernprozess prinzipiell behindert. Dem entgegen muss aber auch die das Lernen fördernde Funktion des gerechtfertigten(!) Strafreizes genannt werden. Dies gilt natürlich nur dann, wenn der Strafreiz in begrenzter beziehungsweise angemessener Intensität sowie in einer für das Pferd verständlichen Konstellation angewendet wird. Ein solcher Strafreiz „spannt“ die Aufmerksamkeit des Tieres, bewirkt eine relativ leichte Erregung und fördert das Finden von Lösungen – ohne eine Katastrophenreaktion auszulösen [115]. Definitionsgemäß macht Strafe eine Reaktion künftig weniger wahrscheinlich.
Zwei Formen der Bestrafung sind nach Zweck und Folgen zu unterscheiden:

- Direkte Bestrafung: Das Pferd bringt den Menschen mit der Strafe in Verbindung – er-

wünscht zum Beispiel bei Rangordnungsproblemen wie dominanz-bedingter Aggression. Dabei muss die Intensität der Strafe im Verhältnis zur gezeigten Aggression stehen und zum Erfolg führen.
- Anonyme Bestrafung: Der Strafreiz soll mit unerwünschtem Verhalten und nicht mit dem Menschen in Verbindung gebracht werden, zum Beispiel der elektrische Weidezaun zur Vermeidung von Weideausbruch [71].

Weiterhin können auch zwei Formen der Bestrafung nach der Art der negativen Einwirkung unterschieden werden:
- Bestrafung Typ 1 („positive" Bestrafung): Ein unangenehmer Reiz wird angewendet, zum Beispiel ein Peitschenhieb durch den Menschen oder der Stromschlag am Weidezaun
- Bestrafung Typ 2 („negative" Bestrafung): Ein angenehmer Reiz wird entfernt, zum Beispiel ein Futtereimer oder ein Spielzeug, oder eine angenehme Handlung wie das Putzen wird beendet

Weil Pferde größtenteils durch unsachgemäße negative Verstärkung trainiert werden, sind sie häufig von unbeabsichtigten Strafen betroffen. So können Verzögerungen im Nachlassen des Drucks einerseits gewünschte Reaktionen weniger wahrscheinlich machen und wirken andererseits auf das Pferd bestrafend sowie gleichzeitig verwirrend und frustrierend. Willkürliche Bestrafung steht im Zusammenhang mit erlernter Hilflosigkeit und Neurosen [107] und ist deshalb höchst tierschutzrelevant.

Es konnte experimentell bestätigt werden, dass es durch unangemessene Bestrafung zu Leistungsminderung und Lernproblemen kommt. Insbesondere konnte die Gefahr einer verminderten Initiativ-, Erkundungs-, Risiko- sowie Lernbereitschaft der Pferde durch missbräuchlich eingesetzte Strafe ermittelt werden. Als problematisch haben sich dabei speziell die willkürlich wiederholte Strafe, die Strafe bei für das Pferd unklaren Anforderungen, die Strafe für Reaktionen aus Angst und das anhaltende Ausbleiben eines Erfolgserlebnisses beziehungsweise einer Belohnung erwiesen. Daraus können leicht Resignation und Apathie entstehen – Zustände, die derzeit mit dem Begriff der „erlernten Hilflosigkeit" umschrieben werden [115] und damit dem Leidensbegriff gemäß dem geltenden Tierschutzrecht zuzuordnen sind.

Es ist auch zu bedenken, dass jeder durch reiterliches Ungeschick verursachte Schmerz im Maul oder Rücken beim Pferd als Strafreiz aufgenommen wird. Oftmals ist es aber nicht einmal Ungeschick, sondern „nur" Unkenntnis über die Wirkung der eingesetzten Mittel, wobei insbesondere die diversen Zäumungsmöglichkeiten und Hilfszügel in Betracht zu ziehen sind. Grundsätzlich ist jeder Einsatz von Vorrichtungen und Hilfsmitteln, deren Wirkung vom Menschen nicht verstanden wird, aus Gründen des Tierschutzes abzulehnen [134]. Hier stehen eigentlich die diversen Reitschulen in der Pflicht. Doch die Lerntheorien gehören dort leider nach wie vor nicht zum Pflichtprogramm.

Obwohl psychischer Druck genauso belastend sein kann wie physische Bestrafung, wird er von Außenstehenden oft nicht entsprechend erkannt.

Holznagen können Pferde aus den unterschiedlichen Gründen zeigen, zum Beispiel aus Stress, Langeweile und Mineralstoff- oder Rohfasermangel.

Verhaltensbeeinflussung durch Verstärkung und Bestrafung			
		Verhalten wird gefördert	**Verhalten wird unterdrückt**
Angenehmer Reiz	wird hinzugefügt	Positive Verstärkung	
	wird entfernt		Bestrafung Typ 2
Unangenehmer Reiz	wird hinzugefügt		Bestrafung Typ 1
	wird entfernt	Negative Verstärkung	

Insbesondere ist in diesem Zusammenhang auf teilweise subtile Bestrafungsmittel hinzuweisen, wie dies zum Beispiel durch scharfe Zäumungen und Erhöhung der Schmerzempfindlichkeit der Gliedmaßen bei Springpferden, aber auch mit übermäßigem Rückwärtsrichten und zu engem Ausbinden oder Aufrollen praktiziert werden kann.

Wenn unangenehme Mittel zur Vermeidung von unerwünschtem Verhalten eingesetzt werden – zum Beispiel der Gebrauch von bitteren Stoffen an Holz, das nicht benagt werden soll – sollte man diese nicht intermittierend einsetzen. Die Erleichterung, die in den Phasen der „Nichtbestrafung" auftritt, können die Pferde auch wie eine Folge von intermittierender Belohnung mit negativer Verstärkung auffassen. So kann die Motivation für die unerwünschten Aktivitäten paradoxerweise auch gesteigert und dadurch das Problem verstärkt werden.

Alle derartigen Konsequenzen, in Verbindung mit den Auswirkungen auf das Wohlbefinden der Pferde, lassen den Einsatz von Bestrafung im Training und Umgang wohl überlegt sein [118]. Grundsätzlich sollte man Bestrafung – falls gerechtfertigt und angemessen – nur bei der Erziehung von Pferden einsetzen. Bei der Ausbildung und dem Training von Pferden sind Strafaktionen dagegen kaum angebracht.

Kommunikation

Wenn man sich verständigen will, muss man sich auch verstehen.

Die Geruchsaufnahme ist für Pferde ein bedeutsames Kommunikationsmittel.

Bei allen Lebewesen, die in einem beständigen Sozialverband leben, ist die Fähigkeit zur Verständigung untereinander besonders wichtig und deshalb zumeist ausgeprägt und differenziert. So verfügen auch Pferde von Natur aus über ein hohes Maß an Kommunikationsbereitschaft, da die Beziehungen zu den Artgenossen und insbesondere deren Qualität für das Funktionieren des Herdenverbands eine große Rolle spielen.

Die Möglichkeiten und Mittel zur Kommunikation setzen sich bei Pferden vor allem aus Mimik, Gestik, Körperhaltung und dem daraus folgenden Bewegungsfluss zusammen. Auch Befindlichkeiten (Gefühle, Stimmungen, Emotionen) werden überwiegend nonverbal kommuniziert: Das Anlegen der Ohren oder das Schweifschlagen sind zum Beispiel Zeichen des Unbehagens, Unmuts und der Aufforderung, Distanz zu wahren. Unterwürfige Verhaltensweisen zeigen sich in nach unten gerichtetem langem Hals und angemessenem Abstand. Mit der Ohrstellung signalisieren Pferde, wo beziehungsweise bei wem die Aufmerksamkeit gerade liegt [18].

Neben den optisch wahrnehmbaren kommunikativen Signalen kommen zwischen Pferden auch akustische, taktile oder chemische Hinweise vor – zum Beispiel Lautäußerungen wie Wiehern, Schnauben oder Blasen und geruchlich wahrnehmbare Signale wie Schweiß, Kot, Urin oder Pheromone. Jede körperliche Regung basiert zudem auch auf einer Änderung des Muskeltonus, was ebenfalls als Kommunikationsmittel verwendet wird. Bei Interaktionen sind zumeist mehrere dieser Faktoren beteiligt.

Die Körpersprache ist das wichtigste Kommunikationsmittel zwischen Mensch und Pferd.

Nonverbale Kommunikation

Wahrscheinlich ist den wenigsten Menschen bewusst, dass auch die zwischenmenschliche Kommunikation überwiegend nonverbal stattfindet. Beim Menschen treten mit der Sprachentwicklung schon früh die nonverbalen Botschaften in den Hintergrund und werden entsprechend kaum noch bewusst wahrgenommen [183]. Dabei hat man festgestellt, dass der erste Eindruck, den eine unbekannte Person macht, nur zu 10 Prozent von dem abhängt, was sie sagt. Das bedeutet, dass die Einschätzung des Gegenübers zu 90 Prozent davon abhängig ist, was ohne Sprache (nonverbal) durch Mimik, Gestik, Haltung, Kleidung, Geruch und Vergleichbarem vermittelt wird [3].

Die Forschung hat gezeigt, dass Emotionen überwiegend nonverbal vermittelt werden. Während das gesprochene Wort vor allem faktische Inhalte übermittelt, werden alle Gefühle, die mit diesen Fakten verbunden sind, durch die Art des Sprechens, durch die Körperhaltung, den Klang der Stimme, die Betonung und den Gesichtsausdruck kommuniziert [183].

Bei der Kommunikation mit Tieren spielt das gesprochene Wort kaum eine Rolle. Wesentlich bedeutender sind:

- Blickverhalten
- Gesichtsausdruck (Mimik)
- Körperhaltung und Körperbewegung (Gestik)
- Berührung (Taktilität)
- Räumliche Distanz.
- Stimmliche Merkmale (Tonfall, Sprechgeschwindigkeit, Betonungen, Pausen etc.)

Die Funktion der Signale besteht normalerweise in Rückschlüssen aus dem Geschehen im direkten Umfeld sowie in Reaktionen zwischen Sender und Empfänger. Je nach dem Ausmaß der Stimulation und der Situation gibt es viele verschiedene Grade des Ausdrucks der kommunikativ wirksamen Sig-

Pferde können den Gang des Menschen spiegeln.

nale. Insbesondere die feinen Signale der Pferde werden dabei vom menschlichen Betrachter oft nicht wahrgenommen beziehungsweise erkannt [167].

Zusammenfassend bedeutet dies:

- Zwischen zwei Individuen (Mensch-Mensch, Mensch-Tier, Tier-Tier) ist es unmöglich, nicht nonverbal zu kommunizieren.
- Nonverbale Kommunikation wird von den vom Bewusstsein kaum kontrollierbaren Emotionen gesteuert: Deshalb ist nonverbales Lügen nahezu unmöglich!
- Missverständnisse entstehen vor allem dann, wenn das Wort nicht im Einklang mit den nonverbalen Signalen steht, die von Tieren besonders gut wahrgenommen werden. [3]
- Bei der Kommunikation mit Tieren muss sich der Mensch seiner Körpersprache wieder bewusster werden.

Spiegelverhalten

Im Gehirn befindet sich ein Bereich von Nervenzellen – sogenannte Spiegelneurone –, die so verschaltet sind, dass die beim Gegenüber beobachteten Aktivitäten im wahrsten Sinne des Wortes nachvollzogen und begriffen werden. Neurophysiologisch ist es dabei egal, ob eine Handlung selbst ausgeführt oder nur beobachtet wird, da in beiden Fällen die gleichen Nervenzellen erregt werden. Offensichtlich genügt es bereits, nur Teile einer bereits bekannten Handlung zu sehen, und der gesamte neuronale Vorgang läuft beim Zuschauenden ab. Man geht davon aus, dass derartige Spiegelprozesse das Leben berechenbarer machen, da besser einschätzbar wird, was der andere im nächsten Augenblick tut. Das intuitiv abgestimmte, reaktionsschnelle Verhalten von Fisch- oder Vogelschwärmen lässt sich zum Beispiel nur mit Spiegelverhalten erklären.

Beispiele für Spiegelverhalten in der Mensch-Pferd-Beziehung [183]

- Ein aufgeregtes Pferd konnte innerhalb weniger Minuten beruhigt werden, indem der Mensch in einen schlurfenden Gang überging: Das Pferd schlurfte hinter dem Menschen her und ging auch wieder dynamischer, sobald der Mensch dynamischer ging.
- Die Aufgabe einer Übung in einem Seminar war, sich auf etwas Trauriges zu konzentrieren. Als Ergebnis ging das Pferd mit gesenktem Kopf hinter der Führperson her. Als das Ziel der Aufgabe war, sich auf ein glückliches Ereignis zu konzentrieren, war der eigene Gang leicht und aufrecht und das Pferd folgte in einer aufrechten Haltung und hatte den Kopf 20 Zentimeter höher als bei der vorigen Übung.

Aber auch innerhalb sozial lebender Gruppen höherer Wirbeltiere (Affen, Hunde) wie auch speziesübergreifend (Mensch – Hund) wurden Spiegelphänomene beobachtet [183].

Man muss davon ausgehen, dass Pferde in der Lage sind, nicht nur bei Artgenossen, sondern auch bei anderen Lebewesen (Menschen!) verschiedene Gemütszustände sensibel wahrzunehmen und entsprechend darauf zu reagieren. Diese Fähigkeit wird sowohl bei der Therapie von psychischen Problemen des Menschen als auch beim Training von Führungskräften genutzt, weil die Tiere den nonverbalen Ausdruck „lesen“ und die Befindlichkeiten und den Körperausdruck des Menschen rückmelden (spiegeln) können [41]. Wer sich demzufolge unsicher ist, das Ausdrucksverhalten eines Pferdes zu bewerten, kann zum Beispiel mit einem Blick in das Gesicht des Reiters leicht erkennen, ob die gemeinsame Arbeit von (Ver-)Spannung oder Losgelassenheit beherrscht wird.

Warum können Pferde aber so genau erkennen, was im Innern des Menschen abläuft? Man erklärt sich dies aufgrund der entwicklungsgeschichtlich bedingten Notwendigkeit, als soziales Herdentier über feinste körpersprachliche Signale miteinander zu kommunizieren und notfalls schnell zu reagieren. Zum anderen trägt wohl auch die lange gemeinsame Geschichte von Mensch und Pferd dazu bei. Nur so lässt sich nachvollziehen, dass Pferde sofort bemerken und entsprechend reagieren, wenn man mit den Gedanken abwesend, beunruhigt oder unsicher ist. Dabei sind es nicht die Gedanken, die vom Pferd „gelesen“ werden, sondern die Tatsache, dass es nicht möglich ist zu denken, ohne dass es zu körperlichen Reaktionen kommt (Muskelspannung, Atmung, Geruch). Pferde können dabei auch zwischen echten und gespielten Emotionen unterscheiden und reagieren insbesondere auf unterdrückte Gefühle (Wut, Ärger) [183].

Voraussetzungen einer erfolgreichen Mensch-Pferd-Kommunikation

Grundvoraussetzung für die Kommunikation mit einem Pferd ist, dessen Aufmerksamkeit zu gewinnen [41]. Der Begriff Kommunikation bedeutet Austausch von Informationen zwischen zwei Lebewesen, was ohne Beachtung der Ausdrucksmittel des Gegenübers unabdingbar ins Leere laufen muss. Wenn ich also von meinem Pferd etwas will, muss ich vor allem anderen erreichen, dass sowohl Blick als auch Ohren auf mich gerichtet sind und insgesamt erkennbar ist, dass es mich nicht nur irgendwo am Rande seines Umfelds wahrnimmt.

Pferde zeigen in der Regel aber auch erst Interesse, wenn man etwas tut, was einem selbst Spaß macht. Ist man lustlos, gestresst oder mit den Gedanken wo anders, kann man vom Pferd keine positive Zusammenarbeit erwarten.

Weder das Gerittenwerden noch das Reiten gehören zu den jeweils arteigenen Verhaltensweisen von Pferd und Mensch. Somit ist der Erfolg der Mensch-Pferd-Beziehung stark von einer erfolgreichen Kommunikation zwischen Reiter und Pferd abhängig. Die Interaktionen zwischen Mensch und Pferd scheinen – was das

Beispiel einer erfolgreichen Kommunikation zwischen Pferd und Mensch über abstrakte Zeichen

Mit der Methode der sekundären Verstärkung ist es norwegischen Wissenschaftlern gelungen, dass Pferde über abstrakte Symbole dem Menschen einen bestimmten Wunsch mitteilen können. Dazu wurden 23 Pferde von unterschiedlichem Alter, Rasse und Geschlecht erfolgreich darauf trainiert, durch Antippen mit dem Maul auf eines von drei mit verschiedenen Symbolen gestalteten Schildern mitzuteilen, ob sie eine Decke übergelegt (Schild mit Querbalken) oder abgenommen (Schild mit senkrechtem Balken) haben möchten oder ob am Zustand keine Veränderung vorgenommen werden soll (leeres Schild). Innerhalb von 14 Trainingstagen mit zehn stufenweise aufgebauten Lernschritten waren alle Pferde in der Lage, die drei Symbole zu unterscheiden und offensichtlich zu verstehen, welche Folge das Berühren eines der Symbole für den Status ihres Eindeckens hat. Wichtig war in der Trainingsphase, dass die Pferde immer belohnt wurden, egal, welche Wahl sie getroffen haben. Es gab für die Pferde also nie eine Entscheidung zwischen richtig und falsch. Außerdem kannten alle Pferde bereits vor der Trainingsphase das Eindecken und dadurch den damit verbundenen Einfluss auf ihr Temperaturempfinden.

Im Ergebnis wählten alle Pferde bei „schönem" Wetter (20 und 23°C, Sonnenschein) keine Decke, während bis auf zwei Pferde bei „schlechtem" Wetter (6 und 9°C, Regen, Wind) eine Decke wählten. Diese deutliche Wahl der Pferde entsprechend der Bewertung des Wetters nach menschlichem Empfinden lässt natürlich an einen „Kluger-Hans-Effekt" denken, zumal der Mensch bei den Entscheidungen der Pferde immer anwesend sein musste. Da die Pferde aber ohne zu zögern ihre Wahl trafen, weil sie in jedem Fall belohnt wurden, geht man davon aus, dass die Erwartung des Menschen nicht die entscheidende Rolle gespielt hat. Außerdem kam es auch vor, dass Pferde außerhalb des regulären Trainings wählen durften und dabei das „Decke-ab-Symbol" wählten, wenn sie tatsächlich unter der Decke verschwitzt waren [114].

Nur bei gegenseitiger Aufmerksamkeit ist Kommunikation überhaupt möglich.

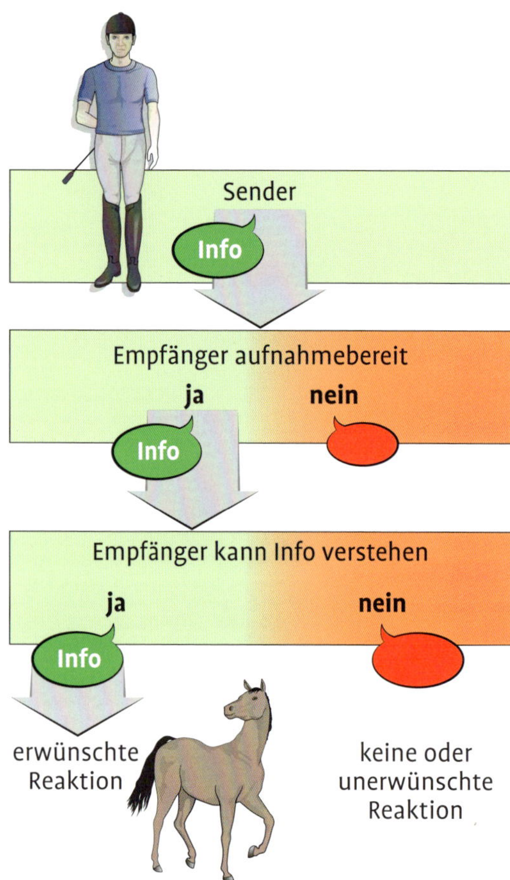

Wie funktioniert Kommunikation?

Pferd betrifft – überwiegend den Reaktionen auf Artgenossen zu entsprechen und weniger den Reaktionen auf Raubtiere. Noch nicht geklärt ist die Frage, bis zu welchem Ausmaß Pferde die Interaktionen mit Menschen nur in Form einer Reiz-Reaktions-Abfolge betrachten beziehungsweise beantworten oder ob sie diese als Versuche zur Kommunikation bewerten. Es ist jedoch in jedem Fall notwendig und zielführend, dass der Mensch die sozialen Verhaltensweisen des Pferdes kennt, korrekt bewertet und sinnvoll ein- oder umsetzt – insbesondere auch, um Missverständnisse zu vermeiden [108].

Eignung verschiedener Kommunikationsmittel

Grundsätzlich ist die Qualität – nicht die Quantität – der Ausdrucksmittel ausschlaggebend für eine erfolgreiche Kommunikation. Bei der Kommunikation mit Pferden sollten möglichst alle Signale, die der Mensch mit der Stimme und dem Körper gleichzeitig aussendet, weitgehend synchron, aber zumindest harmonisch sein. Da Pferde vor allem auf die nonverbalen Signale reagieren, darf sich niemand wundern, wenn es mit der Folgeleistung nicht klappt, wenn er zwar mit lauter Stimme Befehle erteilt, jedoch mit seiner Körperhaltung Unsicherheit ausdrückt. Unser Denken hat einen enormen Einfluss auf unser Ausdrucksverhalten bei der Kommunikation, denn auch der menschliche Körper strahlt unbewusst über Haltung, Mimik und Geruch (Angstschweiß) ständig Botschaften aus. Und genau anhand dieser menschlichen Körpersignale kann ein Pferd die Wünsche, aber auch Ängste und Unsicherheiten des Menschen entschlüsseln. Ein typisches Beispiel hierzu kann man beim Verladen von Pferden vorfinden: Wer den geringsten Zweifel in sich spürt, dass das Verladen problemlos vonstattengeht, kann auch Probleme bekommen. Das Pferd registriert die Unsicherheit des Menschen und reagiert dann allein nach seiner eigenen momentanen Motivation.

Da Pferde sehr gut hören, braucht man sie nicht anzuschreien – schon gar nicht vor dem Hintergrund, sich damit Respekt verschaffen zu wollen. Auch bei der Kommunikation mit Pferden gilt:

„Wer stark ist, kann sich erlauben, leise zu sprechen."
Theodore Roosevelt

Und wenn man laut wird, zeigt dies nur die eigene Erregung, Unsicherheit oder auch Angst, was die Pferde wiederum erkennen können und dementsprechend darauf reagieren.

Wortreiche Vorträge sind für das Pferd nicht verständlich.

Bei der Kommunikation mit Pferden ist es insbesondere wichtig, dass der Mensch sich gerade bei Problemen selbstkritisch die Frage stellt, ob das Pferd tatsächlich verstehen kann, was er von ihm will. Wie oft hört man, dass Pferde stur oder bockig seien oder gar den Menschen ärgern wollten, wenn sie etwas nicht wunschgemäß ausführen. Doch alle diese Eigenschaften sind dem Pferd grundsätzlich nicht zu eigen. In aller Regel wissen sie oft tatsächlich nicht, was sie tun sollen. Gerade aus den fast euphorischen Reaktionen auf das Klickertraining kann man erkennen, dass Pferde gerne mit dem Menschen zusammenarbeiten, wenn sie klar verständliche – und natürlich auch machbare – Anweisungen erhalten.

Pferde werden auch viel zu oft und völlig nutzlos mit Worten überhäuft. Viele Probleme entstehen nur, weil der Mensch zu viele – für das Pferd zumeist unverständliche – und darüber hinaus noch widersprüchliche Signale aussendet. Dabei ist es gut möglich, mit Pferden auch völlig stumm – also nur mit Körpersprache – zu kommunizieren. Da Pferde sehr feine Beobachter sind, braucht man dabei auch keine heftigen Bewegungen auszuführen, um sich verständlich zu machen. Wichtig ist nur, selbst genau zu wissen, was man konkret will. Wenn die Körpersprache erst einmal sitzt, kann man auch wieder Worte verwenden, um seinem Pferd kurze, dem Klang nach eindeutig unterscheidbare Signale zu vermitteln [1].

In diesem Zusammenhang stellt sich auch die Frage, ob Pferde ihren Namen kennen. Aufgrund von entsprechenden Reaktionen der Pferde bei

Wenn Vertrauen vorhanden ist, führt die Kommunikation einfacher zum Erfolg.

Experimente zur Kommunikation

Eine positive Grundeinstellung des Menschen zum Pferd beim Führen bewirkte weniger häufige Ohrbewegungen. Eine positive Einstellung in Verbindung mit geringer Führseilspannung führte dazu, dass die Ohren der Pferde überwiegend nach vorn ausgerichtet waren [25].
36 Pferde wurden darauf untersucht, ob sie Menschen, welche die Aufmerksamkeit auf sie gerichtet haben, von solchen unterscheiden können, die dies nicht tun. Die Pferde wählten dabei signifikant häufiger aufmerksame Personen, wobei sie den zugewandten Körper, Kopf und Blick als Aufmerksamkeitshinweise werteten, nicht jedoch gemischte Zuwendungen (zum Beispiel Kopf zu- und Körper abgewandt). Die Ergebnisse lassen annehmen, dass Hauspferde hoch sensitiv für menschliche Aufmerksamkeitssignale sind, einschließlich des Blickkontakts [135].
In einer anderen Untersuchung konnte gezeigt werden, dass die Pferde die Hinweisgesten des Menschen unabhängig von Geschlecht und Alter sehr gut verstehen. Da keine Auswirkung der Trainingsmethode (traditionell oder Horsemanship) oder des Lernprozesses innerhalb eines Tests festzustellen war, wird angenommen, dass bei klaren Hinweisgesten des Menschen ein geringer Einfluss von der Ausbildungsart auf den Grad des Verstehens besteht. Bei Pferden, die nach den Methoden des Horsemanships ausgebildet wurden (engerer und häufigerer Mensch-Pferd-Kontakt, mehr Arbeit vom Boden), war die Zusammenarbeit mit dem Menschen aber einfacher [13] [38].

ihrer Namensnennung könnte man zwar davon ausgehen, doch auch dabei sind begleitende nonverbale Signale nicht auszuschließen. Da man jedoch Schweine darauf trainieren konnte, dass sie bei Aufruf ihres Namens über einen Lautsprecher (Ausschluss des Kluger-Hans-Effekts) Futter an einem Automaten abholen [76], ist anzunehmen, dass auch Pferde dazu in der Lage wären. Der wissenschaftliche Nachweis fehlt aber noch.

Bekannt ist auch, dass Gespannfahrer ihre Pferde schon seit langer Zeit mit „Hüh“ und „Hot“ dirigieren, das heißt, diese kurzen Begriffe scheinen die Pferde von ihrer Bedeutung her zu verstehen.

Nur wer weiß, wie er selbst nach außen wirkt, hat den Schlüssel für ein problemloses Miteinander in der Hand! Die einfachste Richtschnur sieht folgendermaßen aus:

„Denke und handle einfach, gerecht und konsequent.“

Der Mensch hat mitunter eine gewisse Perfektion erreicht, sich selbst zu belügen. Entgegen der eigenen inneren festen Überzeugung kann er auch andere Menschen täuschen, aber in aller Regel keine Pferde [70].

Pferdehaltung

Wenn es der Mensch mit gesunden und ausgeglichenen Pferden zu tun haben will, muss er sie verhaltensgerecht unterbringen.

Jeder Besitzer und jeder Halter von Pferden steht in der Verantwortung, für die Gesundheit und das Wohlbefinden der von ihm abhängigen Tiere Sorge zu tragen. Diese Verpflichtung ergibt sich aus dem Tierschutzgesetz, wo zur Tierhaltung (unter § 2) Folgendes zu finden ist:

„Wer ein Tier hält, betreut oder zu betreuen hat,
1. muss das Tier seiner Art und seinen Bedürfnissen entsprechend angemessen ernähren, pflegen und verhaltensgerecht unterbringen,
2. darf die Möglichkeit des Tieres zu artgemäßer Bewegung nicht so einschränken, dass ihm Schmerzen oder vermeidbare Leiden oder Schäden zugefügt werden,
3. muss über die für eine angemessene Ernährung, Pflege und verhaltensgerechte Unterbringung des Tieres erforderlichen Kenntnisse und Fähigkeiten verfügen. “

Die überwiegende Zeit ihres Lebens verbringen Pferde heutzutage in ihrem Haltungssystem. Aufgrund der Umwidmung des Pferdes vom Arbeitstier zum Sport- und Freizeitpartner wird es in aller Regel nur noch wenige Stunden am Tag genutzt und anschließend wieder weggestellt. In dieser kurzen Zeitdauer, die das Pferd mit dem Menschen gemeinsam verbringt, soll es aber möglichst willig und aufmerksam auf dessen Wünsche reagieren. Damit dies gelingen kann, müssen auch die Haltungsbedingungen der Pferde derart gestaltet sein, dass der Mensch ein physisch und psychisch gesundes Pferd antrifft. Dies wiederum ist nur gewährleistet, wenn die Haltungsbedingungen verhaltensgerecht sind, das heißt, den natürlichen Anforderungen weitestgehend entsprechen. Nur dann sind die Voraussetzungen vonseiten der Pferde geschaffen, dass sie sich mit den üblichen Anforderungen, welche der Mensch

Verhaltensgerecht untergebrachte Pferde sind als Sport- und Freizeitpartner bestens geeignet.

an sie stellt, ohne Frustration, übermäßigen Stress und gesundheitliche Schäden auseinandersetzen können.

In den „Leitlinien zur Beurteilung von Pferdehaltungen unter Tierschutzgesichtspunkten" des Bundesministeriums für Ernährung, Landwirtschaft und Verbraucherschutz (BML-LL-Pferdehaltung) sind die von einem Sachverständigengremium erarbeiteten konsensfähigen Anforderungen an die Haltungsbedingungen zu finden [143]. Im Folgenden sind daraus die wesentlichen Grundlagen sowie auch einige darüber hinausgehende und aktuelle Erkenntnisse beschrieben.

Anforderungen aus dem artgemäßen Sozialverhalten

Pferde sind Herdentiere, für die soziale Kontakte zu Artgenossen unerlässlich sind. Fehlen diese Kontakte, können bei den Pferden Verhaltensstörungen auftreten und es können im Umgang mit ihnen Probleme entstehen. Deshalb dürfen die Kontaktmöglichkeiten zwischen den Pferden durch die Haltungsform nur so wenig wie möglich behindert werden. Als Minimalanforderung ist Sicht-, Hör- und Geruchskontakt zwischen den Tieren sicherzustellen. Den sozialen Anforderungen der Pferde am nächsten kommt allerdings nur die fachkundig geführte Gruppenhaltung.

Grundsätzlich sind alle Pferde – unabhängig von Alter, Rasse, Geschlecht und Nutzungsart – für die Gruppenhaltung geeignet. Es muss dem verantwortlichen Tierhalter allerdings bewusst sein, dass auch bei einem ordnungsgemäß gestalteten Gruppenhaltungsverfahren gegenüber den natürlichen Verhältnissen Einschränkungen bestehen (begrenztes Raumangebot, eingeschränkte Ausweichmöglichkeiten, keine selbstbestimmte Gruppenzusammensetzung). Deshalb liegt die besondere Herausforderung bei dieser Haltungsform darin, dafür zu sorgen, dass jedes Pferd der Gruppe dennoch seine Grundbedürfnisse befriedigen kann. Dabei ist insbesondere auf die rangniedrigen Gruppenmitglieder zu achten. Wichtig ist in diesem Zusammenhang vor allem, die Richt- und Funktionsmaße aus den BML-LL-Pferdehaltung einzuhalten und dafür zu sorgen, dass keine Sackgassen und spitze Winkel im gesamten Aufenthaltsbereich der Pferde vorhanden sind.

Außerdem unverzichtbar ist die aufmerksame Beobachtung von Rangveränderungen in der Gruppe, die schrittweise Eingliederung neuer Pferde in eine bestehende Gruppe, die Möglichkeit der Separierung einzelner Tiere oder von Untergruppen sowie die Herausnahme von auf Dauer nicht integrierbaren Pferden aus der Gruppe.

Sowohl bei Einzel- als auch bei Gruppenhaltung ist auf das soziale Gefüge und die Verträg-

Fachkundig geführte Gruppenhaltungen befriedigen die sozialen Bedürfnisse von Pferden.

Gemeinsamer Auslauf auf der Weide erfüllt die grundlegenden Anforderungen jeder Pferdehaltung.

lichkeit der Pferde untereinander Rücksicht zu nehmen. Dies gilt auch für rasse-, alters- und geschlechtsspezifische Unterschiede. Fohlen und Jungpferde dürfen aus Gründen ihrer sozialen Entwicklung nicht einzeln gehalten werden und müssen in Gruppen mit gleichaltrigen Artgenossen aufwachsen können.

Anforderungen aus dem artgemäßen Fortbewegungsverhalten

Unter natürlichen Bedingungen bewegen sich Pferde im Sozialverband bis zu 16 Stunden täglich. Dabei handelt es sich überwiegend um langsame Fortbewegung (Schritt), verbunden mit der Futteraufnahme. Pferde haben einen ausgesprochenen Bedarf an täglich mehrstündiger Bewegung entwickelt, da die Durchblutung und damit optimale Funktion und Gesunderhaltung sämtlicher Organe von dieser Bewegung abhängig ist.

In allen Pferdehaltungen muss daher täglich für ausreichende, den physiologischen Anforderungen entsprechende Bewegung der Pferde gesorgt werden. Dabei ist zu beachten, dass kontrollierte Bewegung (Arbeit, Training) nicht die gleichen Bewegungsabläufe wie die freie Bewegung beinhaltet, bei der die Fortbewegung im entspannten Schritt überwiegt, aber auch überschüssige Energie und Verspannungen durch Galoppaden und Bocksprünge abgebaut werden können. Aus diesem Grund kann die kontrollierte Bewegung die freie Bewegung auch nicht ersetzen, zumal erstere in der Regel nur eine bis zwei Stunden innerhalb des 24-Stunden-Tages stattfindet. Allen Pferden sollte deshalb so oft wie möglich Weidegang und/oder Auslauf mit Bewegungsanreizen verfügbar sein.

Sich richtig austoben zu können, sollte jedem Pferd vergönnt sein.

Bewegungsanreize sind erforderlich, weil sich Pferde mit Ausnahme von Jungpferden zumeist nicht nur um der Bewegung Willen fortbewegen. Obwohl Pferde einen hohen Bedarf an artgemäßer Bewegung haben, fehlt ihnen ein ausreichendes Bedürfnis (Motivation) dafür. Dies ist unter naturnahen Bedingungen auch nicht nötig, da die Pferde dort gezwungen sind, sich ständig zu bewegen, um ihre Bedürfnisse hinsichtlich Futter- und Wasseraufnahme oder dem Aufsuchen eines geeigneten Ruheplatzes zu befriedigen. Unter Haltungsbedingungen ist der Mensch gefordert, durch die räumliche Verteilung von Fressplatz, Tränke und Ruhefläche für ausreichende Bewegungsanreize zu sorgen.

Pferde aus Einzelboxenhaltung sollten neben dem Training so oft wie möglich Freilauf haben.

Insbesondere Pferde, die in Einzelboxen gehalten werden, brauchen ausreichend artgemäße Bewegung außerhalb der Box. Was es für ein Pferd bedeutet, sich stundenlang in einer Box aufzuhalten – selbst wenn die derzeit vorgegebene Abmessung der Grundfläche von mindestens der doppelten Widerristhöhe im Quadrat eingehalten ist – wird dem Betrachter erst dann verdeutlicht, wenn diese Berechnung für ein kleineres Tier aufgestellt wird. So könnte zum Beispiel ein mittelgroßer Hund mit einer Widerristhöhe von 50 Zentimeter entsprechend auf einem Quadratmeter gehalten werden!

Des Weiteren sollte man sich auch bewusst sein, dass Pferde in der Box nur zu 20 Prozent nach vorne gerichtete Schritte ausüben können, die allerdings gegenüber einer normalen Schrittbewegung verkürzt sind. Alle anderen Schritte werden seitlich, drehend oder rückwärts ausgeführt [172], was entgegen dem normalen Bewegungsmuster erfolgt und Gelenke, Bänder und Sehnen unphysiologisch belastet.

Anforderungen aus dem artgemäßen Ruheverhalten

Bei Pferden werden die drei Stadien Ruhen im Stehen, Ruhen in Brustlage und Ruhen in Seitenlage unterschieden. Diesen drei Stadien wurden

Bequem ruhen zu können, fördert Gesundheit und Wohlbefinden.

bisher die Ruheintensitäten Dösen, Leichtschlaf und Tiefschlaf zugeordnet. Neuere Untersuchungen haben allerdings gezeigt, dass diese Zuordnung so nicht mehr haltbar ist. Wie beim Menschen lassen sich auch beim Pferd REM-Schlafphasen (Traumschlaf, „Schlaf des Körpers") von Non-REM-Schlafphasen (Einschlafen bis Tiefschlaf, „Schlaf des Geistes") unterscheiden. Neben der Erholungsfunktion haben beide Schlafphasen auch einen bedeutenden Einfluss auf die Gedächtnisfestigung sowie die Stärkung des Immunsystems. REM-Phasen finden beim Pferd in der Regel nur in Seitenlage statt, da sie auch mit einer weitgehenden Muskelrelaxation einhergehen. Die Weckschwelle ist dabei allerdings niedrig, sodass sich das Fluchttier Pferd rasch aus dieser unsicheren Position erheben kann. Andererseits konnten Tiefschlafphasen, bei denen das Wachwerden langsamer stattfindet, auch am stehenden Pferd festgestellt werden. Da das Pferd dabei bei drohender Gefahr seine Position nicht so stark ändern muss, ist dieses Ergebnis evolutionsbiologisch erklärbar [178].

Ausgewachsene Pferde ruhen über den 24-Stunden-Tag verteilt insgesamt sieben bis neun Stunden, mit einer Hauptruhephase zwischen Mitternacht und Sonnenaufgang. Im Durchschnitt verbringen sie 80 Prozent der Ruhephasen im Stehen und entsprechend nur 20 Prozent im Liegen. Die Ausprägung und Dauer des Ruheverhaltens freilebender Pferde wird durch Witterung, Insektenaufkommen und Futtersituation beeinflusst. Unter Haltungsbedingungen kommen noch Haltungssystem, Nutzung und Management hinzu. Auch der Rangplatz spielt eine Rolle: Ranghohe Tiere liegen länger als rangniedrige, insbesondere bei eingeschränktem Flächenangebot. Ob alte Pferde im Liegen ruhen ist davon abhängig, wie sicher sie sich fühlen.

Wenn sich Pferde nie oder immer nur kurz ablegen, kann die physische und psychische Regeneration in Mitleidenschaft gezogen und dadurch neben dem Wohlbefinden auch die Leistungsfähigkeit beeinträchtigt sein (Erschöpfungszustände). Die Pferde können dann auch während des Ruhens im Stehen zusammenbrechen und sich

Das Ruhen in Seitenlage sieht man nur bei Pferden, die sich sicher fühlen.

dabei verletzen. Um dies zu vermeiden, muss neben den sozialen, Sicherheits- und Platzverhältnissen vor allem auch die entsprechende Gestaltung der Liegefläche stimmig sein. Unter naturnahen Bedingungen wählen Pferde trockenen und leicht verformbaren Untergrund zum Liegen. In Wahlversuchen wurde nachgewiesen, dass Pferde zum Liegen Stroh, Sand und Säge- oder Hobelspäne bevorzugen, während sie Beton, Gummimatten oder auch Papier ablehnen [119]. Seit einiger Zeit wird vor allem für Liegehallen von Gruppenauslaufhaltungen die Verwendung sogenannter Komfort- oder Softmatten propagiert. Die Vorteile dafür sind ohne Zweifel die Ersparnis von Einstreu einschließlich der damit verbundenen Arbeit. Allerdings wurde zwischenzeitlich in verschiedenen Untersuchungen festgestellt, dass Pferde bis zu einem halben Jahr Zeit brauchen, um sich auf diesem Untergrund abzulegen. Die Tiere geben damit einen deutlichen Hinweis, wie sie solche Liegeflächen bewerten. Daher sollten derartige Materialien ohne eine zweckdienliche Menge an Einstreu nicht zum Einsatz kommen. In Einzelboxen ist jede Art von Gummimatten ohne ausreichend saugfähiges Material in Form von Einstreu abzulehnen, da dann zusätzlich zum eingeschränkten Ruheverhalten verschlechterte Stallklimaverhältnisse, und bei männlichen Pferden Störungen beim Harnabsatz bis hin zum Harnverhalten hinzukommen können [130].

Anforderungen aus dem artgemäßen Futteraufnahmeverhalten

Das angeborene Verhalten und der Verdauungsapparat des Pferdes sind auf eine kontinuierliche Nahrungsaufnahme eingestellt. Unter Haltungsbedingungen dient die Futteraufnahme zudem nicht nur der Ernährung, sondern auch der Beschäftigung. Die größte Kunst in der Pferdefütterung besteht darin, dass die Pferde über den Tag verteilt mehr oder weniger ständig Futter aufnehmen können ohne zu verfetten.

Zur entspannten Futteraufnahme von der Standfläche muss der „Weideschritt" der Vordergliedmaßen möglich sein, was bei Fohlen noch nicht einmal ausreicht.

Ausreichende Raufutteraufnahme über den Tag verteilt ist die Basis jeder Pferdefütterung.

Zur artgemäßen Ernährung des Pferdes ist strukturiertes Futter (Heu, Stroh, Gras) unerlässlich. Falls kein Dauerangebot an rohfaserreichem Futter erfolgt, ist es mindestens während insgesamt zwölf Stunden über den Tag verteilt anzubieten. Fresspausen sollten dabei möglichst nicht länger als vier Stunden andauern. Raufutter sollte auf der Standebene mit der Möglichkeit zur Ausübung des sogenannten Weide- oder Ausfallschrittes angeboten werden. Nur dabei ist die Futteraufnahme in entspannter Körperhaltung möglich. Ist der Weideschritt nicht möglich, muss die Fressebene um etwa 20 bis 30 Zentimeter über der Standfläche liegen.

Gegebenenfalls sind geeignete Maßnahmen zu ergreifen, um eine überhöhte Nährstoffaufnahme zu vermeiden, wie zum Beispiel mit Heunetzen, sogenannten Sparraufen oder zeitgesteuerten

Die Zeitdauer für die Raufutteraufnahme kann bei leichtfuttrigen Pferden mit geeigneten Netzen verlängert werden.

Raufen. Nur wenn alle sonstigen Möglichkeiten erfolglos ausgeschöpft sind, kann auch das stundenweise Tragen eines Maulkorbes bei stark übergewichtigen oder rehegefährdeten Pferden vertreten werden [151]. Dazu müssen die Pferde den gut angepassten und sauberen Maulkorb stressarm tragen können und insbesondere Atmung und Wasseraufnahme dürfen nicht behindert sein.

Bei Missachtung der ausreichenden Rohfaserfütterung können gesundheitliche Probleme (Magengeschwüre, Koliken) und auch Verhaltensstörungen auftreten. Insbesondere das hohe Vorkommen an Magengeschwüren bei Pferden aller Rassen, Altersgruppen und Nutzungsrichtungen (Rennpferde: 86 bis 93 Prozent, Freizeitpferde: 40 bis 59 Prozent, Fohlen: 25 bis 57 Prozent) muss neben diversem Stress vor allem auf Fütterungsfehler zurückgeführt werden. Dabei ist davon auszugehen, dass zu lange Fresspausen in Verbindung mit zu wenig Rau- und zu viel Kraftfutter die Hauptursachen sind [36] [160]. Bei Pferden wird im Gegensatz zum Fleisch- oder Allesfresser die Magensäure kontinuierlich ausgeschüttet. Solange der Magen nie leer ist, wie dies unter natürlichen Bedingungen in der Regel der Fall ist, entsteht dadurch auch kein Problem. Der Speichel, der in den erforderlichen Mengen nur beim sorgfältigen Zerkleinern von Raufutter produziert wird, puffert die Magensäure ab und verhindert damit eine schädigende Wirkung auf die Magenschleimhaut. Wegen der geringeren Speichelbeimischung bei Krippenfutter sollten Pferde dieses deshalb möglichst nur nach Raufutteraufnahme und auf mehrere Rationen pro Tag verteilt bekommen. Völlig widersinnig ist es in diesem Zusammenhang, Heupellets an zahngesunde Pferde zu verabreichen, denn damit reduziert sich zusätzlich auch noch der Beschäftigungscharakter der Nahrungsaufnahme. Die Aufnahme von Krippenfutter erfolgt in einem Viertel der Zeit, in der Pferde die gleiche

Warum sich insbesondere Schimmel so gerne im Schmutz wälzen, ist noch nicht abschließend geklärt.

Menge an Raufutter (Heu, Stroh) aufnehmen [132].

Weitere Anforderungen an eine pferde gerechte Fütterung sind:

- Stressarme Futtervorlage
- Gemeinsame Futteraufnahme
- Ruhige Futteraufnahme

Anforderungen aus dem artgemäßen Komfortverhalten

Als ehemaliges Steppentier hat das Pferd einen hohen Licht- und Frischluftbedarf. Seine großen, leistungsstarken Lungen sind auf eine ausgiebige Frischluftversorgung angewiesen, um gesund und funktionsfähig zu bleiben. Unabhängig von der Rasse sind Pferden zudem hervorragende Mechanismen angeboren, um sich der Umgebungstemperatur anzupassen (Thermoregulation). Bei entsprechender Gewöhnung vertragen Pferde ohne Probleme Hitze und Kälte sowie größere Temperaturschwankungen. Aufgrund ihrer sensiblen Haut reagieren sie allerdings gegenüber Insekten, die in der Regel in Verbindung mit höheren Temperaturen auftreten, höchst empfindlich und sollten deshalb dagegen ungehindert Schutz aufsuchen können beziehungsweise Schutz erhalten.

Die Haltungsbedingungen sollten das arteigene Körperpflegeverhalten des Pferdes so wenig wie möglich einschränken. Regen, Wind und Schnee eignen sich bestens zur Fell-, Haut- und Hufpflege. Außerdem suchen Pferde nicht nur in Zeiten des Fellwechsels gern geeignete Flächen zum wohligen Wälzen auf.

Sinnvolle Pflege durch den Menschen kann jedoch für das Wohlbefinden des Pferdes ebenso unerlässlich sein. Dabei sollten die Maßnahmen sowohl haltungsbedingt unvermeidbare Einschränkungen des arteigenen Pflegeverhaltens ausgleichen als auch nutzungsbedingte Erfordernisse zur allgemeinen Gesunderhaltung des Pferdes beinhalten. Dies kommt zum Beispiel insbesondere bei der Hufpflege zum Tragen.

Maßnahmen, die sich nur in menschlichen Schönheitsvorstellungen oder der Arbeitserleichterung begründen, sind in der Regel nicht vertretbar. So ist auch stets die Notwendigkeit kritisch zu hinterfragen, wenn Pferde geschert oder zur Reduzierung des Wachstums von Winterfell ein-

Pferde, die im Winter ständig eingedeckt sind, haben bei Ausritten nur einen eingeschränkten natürlichen Schutz gegen Witterungseinflüsse.

gedeckt werden sollen. Die physiologische Funktion des Haarkleides sollte möglichst nicht beeinträchtigt werden. Das Ausrasieren der Ohrmuscheln und das Entfernen der Tasthaare um das Maul und die Augen sind tierschutzwidrig.

Verhaltensgerechte Pferdehaltung

Für die Gesunderhaltung und das Wohlbefinden unserer Sport- und Freizeitpferde müssen wir bestrebt sein, den Tieren soweit wie möglich die Ausübung ihres arttypischen Verhaltens zu ermöglichen. Dabei sollte jedes Individuum die gleichen Möglichkeiten haben, seine Bedürfnisse weitgehend zu befriedigen.

Die Gruppenauslaufhaltung von Pferden kann derartige Bedingungen bieten. Die in den vergangenen Jahrzehnten mit dieser Haltungsform gesammelten Erfahrungen haben gezeigt, dass auch Pferden, die im Leistungssport eingesetzt werden, ein Zusammenleben mit Artgenossen in Gruppen geboten werden kann. Eine Gruppenhaltung ist jedoch allgemein nur dann möglich und letztlich auch vertretbar, wenn

- die Betreuer die Handhabung dieser Haltungsart beherrschen,
- die räumlichen Anforderungen und Bemessungen von Stall und Auslauf den Anforderungen entsprechen und
- die Eingliederung neu hinzukommender Pferde in die Gruppe kompetent begleitet wird.

Wenn es in Gruppenhaltungen Mängel in der fachlichen Qualifikation des Betreibers gibt, können die Konsequenzen für die Pferde fataler sein, als dies bei Einzelhaltungen der Fall ist. Jeder Betreiber von Gruppenhaltungen muss auch bereit sein, das Verhalten der Gruppenmitglieder stets

Jedem Pferd sollte es möglich sein, mit Artgenossen in einer harmonischen Gruppe zu leben.

im Auge zu haben und auf relevante Veränderungen gegebenenfalls rechtzeitig zu reagieren.

Viele Pferdehalter lassen ihr Pferd lieber in der Einzelbox, weil sie befürchten, dass es in der Gruppe Schaden erleiden könnte. Dass dies nicht der Fall sein muss, bezeugen zahlreiche harmonisch integrierte Gruppen von Pferden. Die kritischste Phase jeder Gruppenhaltung ist die Eingliederung eines fremden Pferdes in eine bestehende Gruppe. Die Eingliederung kann jedoch für alle beteiligten Tiere (und auch Menschen) stressarm und schadensfrei ablaufen, wenn man die dazu notwendigen Anforderungen der Pferde versteht und beachtet [86].

Eingliederung neuer Pferde in eine Gruppe

In dieser Phase ist es besonders wichtig, dass die baulichen Voraussetzungen des Haltungssystems stimmen, die in den BML-Leitlinien zur Beurteilung von Pferdehaltungen unter Tierschutzgesichtspunkten zu finden sind [143]. Im Zusammenhang mit der Eingliederung ist von enormer Bedeutung, dass im gesamten Aufenthaltsbereich der Pferde keine Sackgassen, spitze Winkel oder Engpässe vorhanden sind und dass Rückzugsmöglichkeiten durch Struktur (Sichtschutz) geschaffen sind.

Ohne fachliche Qualifikation und Einfühlungsvermögen des Betreuers kann es jedoch auch im besten Haltungssystem zu Problemen kommen. Insbesondere das Vorgehen bei der Eingliederung von neuen Pferden in eine bestehende Gruppe stellt hohe Anforderungen an die Betriebsleitung. Es sollte planvoll und vor allem nicht nach Schema F, sondern entsprechend den jeweils individuellen Erfordernissen des Neuankömmlings durchgeführt werden.

Soll ein fremdes Pferd in einem Betrieb mit Gruppenauslaufhaltung aufgenommen werden, sollte bereits vorab möglichst viel über dieses Pferd bekannt sein: Rasse, Alter, Geschlecht, Fütterung und Ernährungszustand, bisherige Aufstallung, soziale Vorerfahrungen, Krankheiten, Hufbeschlag, Verhaltensauffälligkeiten, Verwendung, Kondition.

Der künftige Halter muss von Anbeginn eine Beziehung zu dem fremden Pferd herstellen. Um es kennenzulernen, sollte er bei der Ankunft anwesend sein, das Ausladen beobachten und das Pferd selbst übernehmen. Damit verschafft er sich bereits einen ersten Eindruck darüber, welche Probleme für das Pferd in der Gruppe auftreten können. Auch für das Pferd ist es wichtig, gleich bei seiner Ankunft Bekanntschaft mit seiner künftig wichtigsten Bezugsperson zu machen.

Da Pferde durch den Transport, aber insbesondere den fremden Ort gestresst sind, sollten sie sich zunächst in einer Einzelbox erholen können. Von dort aus muss ihnen die Beobachtung des Umfeldes möglich sein. Zur Beruhigung trägt die Aufnahme von ausschließlich Raufutter ebenso bei wie die Unterbringung eines geeigneten, das heißt verträglichen Artgenossen in der Nachbarbox (Integrationspferd). Mit ihm können die ersten friedlichen Kontakte zu einem Gruppenmitglied hergestellt werden.

Man sollte sich bewusst sein, dass Pferde, die über längere Zeit ausschließlich in Einzelboxen gehalten werden, rein konditionell den Pferden in der Gruppe unterlegen sind. Hinzu kommt noch,

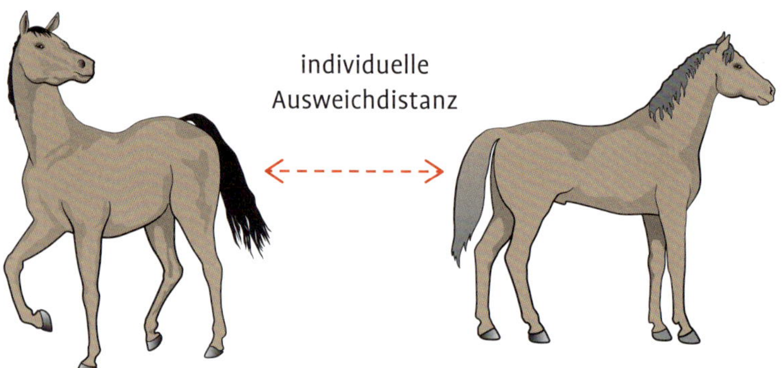

Mit Sichtschutzwänden im Aufenthaltsbereich der Gruppe kann die Fläche von den Pferden besser genutzt werden, weil die Ausweichdistanz dort wegfällt.

dass es solche Pferde richtiggehend verlernt haben können, auf das Ausdrucksverhalten ihrer Artgenossen angemessen zu reagieren, da es in der Box ohne Konsequenzen blieb, wenn sie gegen den Nachbarn gedroht oder geschlagen haben. Wenn solche Pferde deshalb unvorbereitet in eine Gruppe verbracht werden, können sie in den ersten Tagen möglichen Angriffen der anderen Pferde in ungewöhnlich schadensträchtiger Weise ausgesetzt sein, weil sie auf Drohgebärden, Beißen und Schlagen nicht ausweichen. Auch die Wirkung des eigenen Verhaltens wird von Boxenpferden oft nicht mehr richtig eingeschätzt. All dies führt zu erhöhter Verletzungsgefahr.

Wenn das neue Pferd noch Hufeisen trägt, sollte man es nicht vor dem zweiten Tag in seiner neuen Umgebung auch noch mit dem Entfernen der Hufeisen belasten.

Das ungestörte Erkunden der späteren Haltungseinheit (Stall und Auslauf, wenn die Gruppe zum Beispiel auf der Weide ist) ist für das neue Pferd von entscheidender Bedeutung: Beim ersten Kontakt mit den Gruppenmitgliedern ist es dann bereits sicherer, da es die Ausweich- und Rückzugsmöglichkeiten kennt.

Bei gleichzeitigem Eintreffen von zwei Pferden kann die Integration für die Tiere leichter, aber auch schwerer ausfallen. Die beiden Tiere bilden zunächst eine „Schicksalsgemeinschaft“, die sich nach dem Motto „gemeinsam sind wir stark“ leichter in die Gruppe einfinden kann. Werden diese beiden Pferde jedoch von Grup-

Drohgebärden in Gruppen sind kein Problem, wenn das unterlege Tier ausweicht beziehungsweise ausweichen kann.

penmitgliedern getrennt, kann sich die Stressbelastung noch verstärken.

Für jedes neu in eine Gruppe zu integrierende Pferd ist es wichtig, dass es dieser Haltungsart schrittweise zugeführt wird: zuerst nur stundenweise, dann halbtags und schließlich rund um die Uhr. Wird ein Pferd zu früh in die Gruppe verbracht, ist es über 24 Stunden auf den Beinen und nach drei Tagen physisch und psychisch am Ende. Bringt man ein derart überfordertes Pferd in eine Box, legt es sich sofort hin. Diese Maßnahme kann auch als Konditionsprüfung dienen.

Das Tempo der Eingliederungsschritte gibt nur das Pferd vor! Hinweise dafür, dass ein Pferd noch nicht ausreichend für den nächsten Schritt bereit ist, sind Holznagen sowie hastiges Fressen und Trinken. Auch das Absetzen von weichem Kot ist ein Zeichen für Unsicherheit und Unruhe. Wichtig zu wissen ist auch, dass Pferde, die sofort mit hocherhobenem Kopf und Schweif in eine Gruppe laufen, nicht unbedingt ranghoch sind, sondern damit oftmals nur ihre Unsicherheit demonstrieren. Alle diese Pferde sind für die ganztägige Gruppenhaltung physisch und psychisch noch nicht ausreichend konditioniert.

Es wird ausdrücklich davon abgeraten, das erstmalige Zusammenführen eines neuen Pferdes mit der Gruppe auf der Weide vorzunehmen. Durch die Weitläufigkeit der Fläche ist bei Auseinandersetzungen der rasche Zugriff nicht mehr gewährleistet und es kann zu nicht mehr beherrschbaren Galoppaden kommen. Weideausbrüche und Verletzungen können die Folge sein.

Die Bildung von Gruppen und die Integration neu hinzukommender Pferde gestaltet sich umso einfacher, je größer der Gesamtbestand ist. Problematisch kann die Integration werden, wenn zum Beispiel nur zwei Pferde vorhanden sind, da hier keine Auswahl für die anzustrebende Bildung von Freundschaften besteht.

Einer der wichtigsten Hinweise für die soziale Integration von Pferden in einer Gruppe ist das

Wenn Pferde in Seitenlage ruhen, kann man deren Integration als gelungen betrachten.

Ruheverhalten und dabei insbesondere das Abliegen. Nur Pferde, die in Seitenlage ruhen, ruhen entspannt, und es ist davon auszugehen, dass sich diese Tiere in ihrer Umgebung sicher fühlen.

Weitere Indikatoren für eine erfolgreiche soziale Integration sind: soziale Hautpflege, Kopf-an-Kopf-Fressen mit anderen Pferden, entspanntes Harnen und Koten, wohliges Wälzen, Nachlassen des übersteigerten Holznagens.

Es kann auch vorkommen, dass sich ein Pferd trotz sorgfältigen Vorgehens nicht in eine Gruppe integrieren lässt. Hinweise darauf ergeben sich, wenn es sich ständig abseits der übrigen Pferde aufhält, wenn es sich stundenlang in Fressstände zurückzieht, wenn es häufig gejagt wird, wenn es trotz ausreichenden Futterangebotes abmagert und wenn es nicht ausreichend zum Ruhen kommt. Auch deshalb muss der auf Gruppenauslaufhaltung ausgerichtete Betrieb geeignete Möglichkeiten für eine Einzelhaltung bereitstellen.

In der Natur spielt die Rangordnung bei der Futteraufnahme keine Rolle. Bei der Pferdehaltung ist jedoch dafür zu sorgen, dass möglichst keine Auseinandersetzungen um das Futter stattfinden. Ansonsten kommt es in nicht gut integrierten Gruppen zu verletzungsträchtigen Situationen und selbst in integrierten Gruppen zu ungleichen und ungesteuerten Zuteilungen. Dies führt bei ranghohen Tieren zur Überfütterung und bei rangniederen zur Abmagerung. Deshalb sind Pferde bei der Rationszuteilung möglichst zu vereinzeln. Dies kann zum Beispiel durch Fressstände erfolgen. Dabei muss in jedem Fall für jedes Tier ein Fressplatz vorhanden sein.

In einer Gruppenhaltung kann ein anfänglich ranghohes Tier zum rangniederen werden und umgekehrt. Rangniedere Tiere schließen sich häufig Ranghöheren an. Ein Wechsel in der Rangordnung kündigt sich dadurch an, dass ein rangniederes Pferd andere zu Auseinandersetzungen herausfordert. Diese Aktivitäten trainieren das Pferd. Es besteht ein direkter Zusammenhang zwischen der Kondition aber auch dem Selbstvertrauen eines Pferdes und seiner Position in der Gruppe. So kann sich für ein eher schwaches Pferd, das auch im Sport mangelndes Selbstvertrauen zeigt, der Aufstieg in der Gruppe positiv auf die Leistung auswirken. Aber auch die umgekehrte Entwicklung ist möglich. In letzterem Fall sollte das Pferd in eine andere Gruppe kommen.

Viele Menschen sind sich offensichtlich nicht bewusst, was es für ein Pferd bedeutet, unvermittelt aus seiner gewohnten Umgebung herausgenommen und in eine völlig neue Umgebung mit fremden Menschen und vor allem fremden Artgenossen verbracht zu werden. Dies ist daraus zu ersehen, dass in einer diesbezüglichen Datenerhebung in 64 Betrieben mit insgesamt 901 Pferden in Gruppenhaltung [129] in fast der Hälfte aller Betriebe die erste Begegnung des neuen Pferdes mit den Pferden aus der Gruppe bereits am ersten Tag erfolgte. Was dabei nicht bedacht wurde ist,

- dass für das Pferd alles Fremde zunächst als gefährlich gewertet wird,
- dass jedes neue Pferd im Rang ganz unten steht,
- dass die Gruppe ihren Heimvorteil geltend machen kann,
- dass ein fremdes Pferd von der Gruppe grundsätzlich als unerwünschter Eindringling gewertet wird,
- dass das neue Pferd überfordert ist, wenn es sich gleichzeitig mit den unbekannten Haltungsbedingungen, den unbekannten Fluchtmöglichkeiten und den fremden Artgenossen auseinandersetzen muss,
- dass ein Boxenpferd weder vom Verhalten noch von der Kondition den Bedingungen im Offenlaufstall sofort gewachsen ist.

Wenn dennoch oft keine größeren Schäden entstehen, liegt das wohl nur daran, dass Pferde grundsätzlich nicht darauf ausgerichtet sind, sich gegenseitig zu schaden. Doch die Gefahr, dass etwas passiert und insbesondere, dass das neue Pferd erheblich gestresst ist, ist gegeben. Um dies zu vermeiden, muss man das neue Pferd Schritt für Schritt und entsprechend seiner Verfassung an das Leben in der neuen Gemeinschaft heranführen. Natürlich erfordert dieses Verfahren viel Zeit und noch mehr Geduld, doch es wird letztendlich durch gesunde Pferde und zufriedene Pferdebesitzer gedankt.

Der erste Kontakt mit dem neu einzugliedernden Pferd fand in weit über der Hälfte der

Wenn ein neues Pferd auf der Weide zum ersten Mal mit der Gruppe konfrontiert wird, kann der Mensch in kritischen Situationen nicht eingreifen.

Betriebe aus der Datenerhebung auf der Weide statt. Die Begründung war zumeist, dass dort die besten Ausweichmöglichkeiten wären und die Ablenkung durch die Futteraufnahme die Rangauseinandersetzungen abmildere. Beide Argumente sind zwar richtig, doch auf der Weide, insbesondere wenn sie weitläufig ist, hat der Mensch in kritischen Situationen kaum eine Chance, in das Geschehen einzugreifen – er überlässt den Eingliederungsvorgang also den Pferden. Andererseits darf eine Weidegruppe keinesfalls mit einer Offenlaufstallgruppe gleichgesetzt werden: Was auf der Weide gut geht, muss im Offenlaufstall noch lange nicht gut gehen! Auf einer weitläufigen Weide können auch Pferde ohne geregelte Rangordnung gut miteinander auskommen, da sie durch die Futteraufnahme abgelenkt sind. Doch spätestens im Offenlaufstallsystem müssen die Regeln stehen oder eben gegebenenfalls erstellt werden, denn die Pferde sind dort gezwungen, auf relativ eng begrenztem Raum aneinander vorbeizukommen. Es kann immer wieder geschehen, dass einzelne Pferde die auf der Weide mühelos einzuhaltenden Sozialdistanzen dort unterschreiten. Wenn sich der Rangniedrige dann nicht korrekt verhält oder verhalten kann, muss ihn der Ranghöhere in seine Schranken weisen. Außerdem gibt es auch unter Pferden Individuen, die unabhängig vom Rang unverträglich sind, was auch im Offenlaufstall viel deutlicher zum Ausdruck kommt als auf der Weide. Wenn sich die Pferde also auf der Weide ruhig und verträglich zeigen, kann dies zu einer trügerischen Sicherheit für die Bedingungen im Offenlaufstall führen.

Bei der ersten Kontaktaufnahme wurde in der Datenerhebung das einzugliedernde Pferd in circa zwei Dritteln der Betriebe gleich mit der gesamten Herde konfrontiert. Bei einem derartigen Vorgehen ist es normal, dass alle Pferde der Gruppe den Neuling in Augenschein nehmen wollen, was eine erhebliche Herausforderung für ein einzelnes Pferd darstellt – vor allem dann, wenn es bisher nicht in der Gruppe gelebt hat. Bei den übrigen Betrieben, die dem neuen Pferd die Gruppenmitglieder einzeln zuführten, wurde nur bei der Hälfte der Rang der Kontaktpferde berücksichtigt. Dabei wurde meistens das rangniedrigste Pferd ausgewählt, den ersten Kontakt mit dem Neuling aufzunehmen. Betriebe, die den Rang nicht berücksichtigten, gaben häufig an, ein verträgli-

Zufriedene Pferde in der Gruppenhaltung sollten das Ziel des Pferdehalters sein.

ches Pferd für den ersten Kontakt zu nehmen. Unbestritten ist es für das einzugliedernde Pferd weniger belastend, sich mit nur einem fremden Pferd auseinandersetzen zu müssen als mit einer ganzen Gruppe. Die Frage nach der Rangstellung des Pferdes, das als erstes mit dem Neuling Kontakt haben sollte, wird nach den bisherigen Erfahrungen allerdings konträr diskutiert. Richtig ist es jedoch, für diesen Schritt des Eingliederungsvorganges ein Pferd auszusuchen, das sozial kompetent und verträglich ist, den Neuling nicht bedrängt und vor allem Ruhe und Gelassenheit ausstrahlt.

Die Zeitdauer, bis das neue Pferd rund um die Uhr in der Gruppe verbleiben kann, ist stark abhängig von der Konstitution und den Vorerfahrungen des neuen Pferdes und letztendlich auch vom Verhalten der Gesamtgruppe. Erst wenn sich das neue Pferd ruhig im Offenlaufstallsystem bewegen und alle Funktionsbereiche aufsuchen kann, wenn es sich zum Ruhen ablegt, ruhig frisst und normal geformten Kot abgibt, ist es für einen 24-Stunden-Aufenthalt in der Gruppe gerüstet. Im Durchschnitt ist das nicht vor einer Woche im neuen Betrieb der Fall, bei manchen Pferden dauert dies noch erheblich länger. Bei weit über einem Drittel der Betriebe aus der Datenerhebung war das neue Pferd jedoch bereits innerhalb der ersten drei Tage ständig in der Gruppe und bei weit über der Hälfte der Betriebe innerhalb der ersten Woche. Welcher Belastung (Stress) die einzelnen Pferde dabei ausgesetzt waren, muss offen bleiben.

Hengsthaltung

Die meisten Hengste werden vor Erreichen der Zuchtreife kastriert, um mit der damit verbundenen Aufhebung von Geschlechtstrieb und potentieller Aggressivität sowohl deren Umgänglichkeit als auch Haltungsmöglichkeiten zu verbessern. In den letzten Jahren kommt es jedoch zunehmend „in Mode“, dass Hengste für Sport und Freizeit gehalten werden, ohne dass sie für den Zuchteinsatz vorgesehen wären. Dabei sind es vermehrt Frauen, die die Hengsthaltung favorisieren. Ob dies allein damit zusammenhängt, dass mehr Frauen als Männer reiten, ist nicht abschließend geklärt [4].

Auch bei Hengsten kann die regelmäßige freie Bewegung Stress und Verspannungen abbauen.

Es ist bekannt, dass es zwischen den Pferderassen und auch individuell große Unterschiede in der Ausprägung des geschlechtstypischen Verhaltens gibt. Doch grundsätzlich stellt jede Hengsthaltung eine besondere Herausforderung für den Tierhalter dar, was die pferdegerechte Haltung, Erziehung und den Umgang mit diesen Tieren angeht. Obwohl für Hengste grundsätzlich dieselben Anforderungen an eine pferdegerechte Unterbringung gelten wie für Stuten und Wallache, werden viele Hengste mehr oder weniger isoliert in Einzelboxen ohne Auslauf gehalten. Insbesondere eingeschränkte Möglichkeiten zu Sozialkontakten mit Artgenossen, aber auch Bewegungsmangel und sexuelle Frustration führen nachweislich zu Übererregung und Verhaltensabweichungen. Auffällig ist dabei der erhöhte Aggressionslevel sowohl gegenüber anderen Pferden als auch dem Menschen [67]. Dies alles sind Anzeichen für Stress und führen insgesamt zu erhöhter Unfallgefahr.

Es hat sich andererseits aber auch herausgestellt, dass je mehr Aktionsfreiraum – im Sinne von selbstbestimmtem Verhalten – und soziale Kontakte einem Hengst gewährt werden, wenn zum Beispiel der Mensch nicht mehr in ein Herdengefüge eingreift beziehungsweise den Hengst oder die Stuten zur Nutzung herausnimmt, desto größer das Risiko für Unfälle und Verletzungen für Mensch und Tier ist. Solche Hengste respektieren den Menschen nicht (mehr) und ihr Handling wird zunehmend schwieriger. Insgesamt zeigt sich damit, wie bedeutsam das fehlerfreie Management und der sachkundige Umgang speziell bei Hengsten ist [4] [182].

Bevor man sich also für eine Hengsthaltung entscheidet, sollte man intensiv und selbstkritisch prüfen, ob die haltungstechnischen, fachlichen und insbesondere auch persönlichen Voraussetzungen gegeben sind, um dieser Herausforderung gewachsen zu sein.

Umgang zwischen Mensch und Pferd

Der Mensch muss sich auf die Verhaltensweisen und die Bedürfnisse des Pferdes einstellen – nicht umgekehrt.

Grundlage jedes Umgangs mit Pferden muss sein, dass das Pferd Vertrauen in den Menschen hat und behält. Aber auch der Mensch muss dem Pferd vertrauen. Dann ist vieles machbar und eine Kooperation auch in schwierigen Situationen noch möglich oder sogar ausbaufähig [88].

Gerade wegen der verschiedenen Umweltwahrnehmungen ist der Schlüssel zu einem sicheren und produktiven Umgang zwischen Mensch und Pferd die effektive gegenseitige Kommunikation. Pferde können nicht dazu gebracht werden, so zu fühlen, zu hören, zu schmecken oder zu sehen wie der Mensch. Der Mensch kann und sollte dem Pferd aber beibringen, dass ihm nichts geschieht, wenn es seinen Anweisungen folgt. Er muss es überzeugen können, dass er bei hellem

Gegenseitiges Vertrauen sollte die Grundlage der Mensch-Pferd-Beziehung sein.

Eine wahre Horsemanship-Geschichte aus dem Alltag

(gekürzter Auszug) von J. Wild und P. Classen [173]

Die Teilnehmerin eines Kurses kam mit ihrem Warmblutwallach und berichtete, dass sie eigentlich ganz zufrieden mit ihrem Pferd sei, weil es keine offensichtlichen Probleme mache. Bevor sie es vor sieben Jahren bekommen hatte, war es ein erfolgreiches Springpferd, das auch heute noch jedes Hindernis springen könne. Die Frau hatte allerdings das Gefühl, dass ihr Pferd zwar alles einigermaßen lieb für sie ausführt, jedoch scheinbar ohne dabei tatsächlich eine Verbindung zu ihr aufzunehmen – ähnlich einem Roboter.

Wenn Menschen über Pferde reden oder lesen, kommt meistens das Wort Respekt vor. Leider zählt dieser Begriff mittlerweile zu einem der am meisten fehlinterpretierten Worte überhaupt. Respekt heißt nämlich nicht, dass der andere – hier das Pferd – alles tut, was man von ihm verlangt, sondern dass er sein Gegenüber wahrnimmt. Und genau das war hier nicht der Fall. In dieser Beziehung gab es nur Gehorsam, keinen Respekt!

Dem Pferd wurde daraufhin von der Trainerin ein Knotenhalfter mit Führleine angelegt, was es widerstandslos mit sich machen ließ. Sie erkannte ziemlich schnell, dass sie ein eher unsicheres, introvertiertes Pferd vor sich hatte, das zwar von außen betrachtet ruhig und entspannt wirkte, dessen Fluchtenergie sich aber gewissermaßen nach innen richtet: Die Ohren zeigten nach hinten, der Kopf befand sich auf halber Höhe, die Lippen waren aufeinandergepresst und der Blick war teilnahmslos nach innen gerichtet. Das Pferd hat es auch regelrecht vermieden, die Personen in seiner Nähe anzusehen. Es wollte offensichtlich keine Verbindung mit den Menschen eingehen, was von der Besitzerin als dessen „normales" Verhalten beschrieben wurde. Die Augen bewegten sich kaum, das heißt, es gab auch nur sehr wenig Lidschlag. Das Pferd stand auf der Stelle, ohne sich zu bewegen, was nicht heißt, dass man es nicht problemlos hätte losführen können, weil es alle Fragen sozusagen mit: „Ja, mache ich!" beantwortete.

Introvertierte Pferde haben erfahrungsgemäß die größten Probleme, da sie zumeist noch vollkommen falsch als faul, stur oder widersetzlich eingeschätzt und entsprechend behandelt werden. Die Menschen machen dann meist das Gegenteil von dem, was eigentlich sinnvoll wäre: Sie machen immer mehr Druck und treiben das Pferd damit noch weiter in seine nach innen gerichtete Flucht!

Tageslicht der bessere Führer ist, andererseits muss der Mensch lernen, das bessere Hören im Hochfrequenzbereich des Pferdes zu berücksichtigen. Auch muss er sich der reichhaltigeren Geruchswelt des Pferdes bewusst sein und versuchen, Gerüche zu vermeiden, welche die Pferde erregen. Und insbesondere muss der Mensch die außergewöhnliche Berührungs-Sensibilität des Pferdes respektieren, die kombiniert ist mit einer Muskelkraft, die alle seine Befehle ausschalten kann, wenn er seine Wünsche nicht sinnvoll, gleichförmig, konsequent und angemessen anbringt [146].

Eine Gefahr für Fehleinschätzungen und manche Enttäuschung bei Pferdehaltern begründet sich häufig darin, dass sie die Meinung vertreten: Ich bin gut zum Pferd – also macht es was ich will. Doch Respekt, Vertrauen und Gehorsam wird nur einer Persönlichkeit gewährt, welche die erforderlichen Fähigkeiten zu einem Leittier unter Beweis gestellt hat. Dabei spielt die Körpersprache bei jeder Begegnung eine wesentliche Rolle: Als Mensch sollte man sich immer darüber im Klaren sein, was man vom Pferd will und darf nur etwas verlangen, wenn man überzeugt ist, dass das Pferd

Nachdem das Pferd so bewegungs- und teilnahmslos dastand, ließ die Trainerin die Führleine so lang, dass sie fast auf dem Boden hing, drehte sich um und bewegte sich einen großen Schritt weg vom Pferd. Dabei war es wichtig, dass sie das Pferd weder anschaute noch in sonst einer Art Energie in seine Richtung schickte. Die Trainerin hielt nur eine Hand ein wenig in die Richtung des Pferdes. Nach etwa fünf Minuten begannen sich die Ohren des Pferdes ein wenig zu bewegen, es zwinkerte leicht mit den Augen und bewegte den Kopf langsam in Richtung der ausgestreckten Hand, um daran zu riechen. Nachdem sie dies kurz zuließ, bewegte sich die Trainerin ruhig etwa 1,5 Meter vom Pferd weg, ohne es zu beachten. Dieses Mal brauchte es wesentlich weniger Zeit, bis sich das Pferd zu der nach wie vor in seine Richtung gehaltenen Hand bewegte, um daran zu riechen. Wieder bewegte sich die Trainerin ohne Beachtung des Pferdes nun circa 2 Meter weg. Jetzt dauerte es nur noch wenige Sekunden, bis das Pferd kam und begann, die Trainerin am ganzen Körper zu beriechen. Es war so neugierig und interessiert, dass es gar nicht von der Trainerin ablassen konnte. Schließlich folgte das Pferd der Trainerin frei durch die Halle.
Die Besitzerin hatte ein solches Verhalten an ihrem Pferd noch nie erlebt und war emotional stark betroffen. Nicht nur das Verhalten des Pferdes hatte sich grundlegend verändert, sondern auch sein gesamter Ausdruck!

Was war passiert?
Das Wesentliche war wohl, dass jeglicher Druck vom Pferd genommen wurde. Gleichzeitig wurde ihm mit der dargereichten Hand ein Angebot gemacht. Die Trainerin ließ dem Pferd die Zeit, die es brauchte, um aus sich heraus zu kommen. Dies kann unter Umständen wesentlich länger dauern als in diesem Fall, das Ergebnis ist aber dasselbe.
Es war alleine seine Entscheidung, zum beziehungsweise mit dem Menschen zu gehen. Das Pferd hätte sich auch abwenden können.
Der unmittelbare, aber entspannte Rückzug der Trainerin nach seiner ersten Berührung bedeutete für das Pferd, dass es Einfluss auf den Menschen nehmen konnte, ohne damit gleich eine überschwängliche Reaktion auszulösen. Diese hätte das Pferd wieder verunsichert.
Fazit: Man kann ein Pferd nicht dazu zwingen, aus sich heraus zu kommen und sich für einen Menschen zu interessieren. Man kann es nur anbieten, abwarten und sich darüber freuen, wenn es geschieht. Es ist ein wertvolles und emotional berührendes Geschenk, das stets sorgsamer Pflege bedarf, um es zu halten. Aber es erleichtert jeglichen Umgang mit dem Pferd und trägt ganz erheblich zu dessen – und zum eigenen – Wohlbefinden bei!

- seine Aufmerksamkeit dem Menschen zugewandt hat,
- versteht, was man von ihm will, und
- tun kann, was verlangt wird.

Nur bei tatsächlicher Entschlossenheit und Überzeugung des eigenen Handelns wird die Botschaft über die Körpersprache beim Pferd auch entsprechend ankommen. Dabei fördern Selbstsicherheit, Klarheit und Geduld den Respekt, während unangemessener Druck oder gar Gewalt letztlich zu Unsicherheit, Vertrauensverlust und Furcht vor dem Menschen führen. Konsequentes Vorgehen gibt dem Pferd Sicherheit, was aber nichts mit übertriebener Kontrollsucht über jede Bewegung zu tun haben sollte [15].

Ein Pferd muss nach wie vor ein empfindsames und aktives Lebewesen bleiben und darf vom Menschen nicht durch ständigen Druck zu einem blind gehorsamen Untertanen degradiert werden. Leider kommt dies in der Praxis dennoch häufig vor – oft ohne dass erkannt wird, was in der Mensch-Pferd-Beziehung nicht stimmt. So erfüllen viele Pferde alle an sie gerichteten Aufgaben zur Zufriedenheit des Menschen und fallen dadurch nicht auf. Wer genauer

Das Einfangen auf der Weide kann das Mensch-Pferd-Verhältnis auf die Probe stellen.

hinschaut, kann aber feststellen, dass diese Pferde nur „funktionieren“ und nicht mehr agieren, das heißt, dass kein aktives Miteinander mit dem Menschen (mehr) stattfindet. Solche Pferde haben insbesondere den wachen Ausdruck in den Augen verloren und lassen alles nur noch teilnahmslos über sich ergehen. Leider wird dieser bedauernswerte Zustand der Pferde oft nicht erkannt, und somit weder nach der Ursache gefragt noch Abhilfe geschaffen. Dass dies relativ leicht möglich wäre, zeigt die wahre Geschichte im Kasten auf den Seiten 96/97.

Wenn Pferde dem Menschen frei folgen, scheint dies der empfindlichste Nachweis für Vertrauen zum Menschen zu sein. Dieses Verhalten kann aber auch einige andere Aspekte der Mensch-Pferd-Beziehung anzeigen. Die Art der Ausbildung übt dabei einen eindeutigen Einfluss auf die Beziehung zum Menschen aus. Darauf weisen folgende Ergebnisse einer Untersuchung hin:

- Es bestand eine positive Korrelation zwischen der Zeit, die der Mensch pro Woche mit dem Pferd verbrachte, und der Zeit bis zum Nachfolgen.
- Je weniger Trainer mit dem Pferd arbeiteten, je eher näherten sich die Pferde einer bekannten Testperson und je länger folgten sie ihr.
- Die Pferde folgten einer bekannten Testperson signifikant länger als einer fremden.
- Pferde, die darauf trainiert waren, dem Menschen ohne Führseil zu folgen, folgten signifikant länger als solche, die nicht darauf trainiert waren [20]

Man sollte sich immer bewusst sein, dass auch Mängel in den Haltungs- und Managementbedingungen zu Störungen im Verhalten des Pferdes und letztendlich zu realen Problemen führen können. In diesem Zusammenhang sind beispielsweise das stundenlange Stehen in einer Einzelbox oder eine fehlerhaft zusammengestellte und betriebene Gruppenhaltung zu nennen. Beide Bedingungen – so konträr sie auch sind – können Pferde mehr oder weniger stark physisch und psychisch belasten, was sich dann auch auf die Mensch-Pferd-Beziehung negativ auswirkt.

Der Mensch muss sich auch darüber im Klaren sein, dass die Beziehung zum Pferd auf der Basis einer Abfolge von Wechselwirkungen aufgebaut ist. Dabei wird ganz allgemein jede Wechselwirkung im Prozess der Entwicklung einer Beziehung durch die vorausgehende beeinflusst. Dies gilt sowohl für den Menschen als auch für das Pferd! Deshalb hat jeder Partner – je nach positivem oder negativem Gedächtnisinhalt aus der Vorerfahrung – ganz bestimmte Erwartungen hinsichtlich des nachfolgenden Verhaltens des Gegenübers. Und grundsätzlich führt nur die Erfüllung der Erwartungen zu zunehmender Sicherheit im Umgang.

Menschen, die mit Pferden umgehen, sollten sich bewusst sein, wie wichtig gute Kenntnisse der grundlegenden Lerntheorien sind. Nur dann sind sie in der Lage, Pferde nicht nur auszubilden, sondern auch die unvermeidbaren negativen Inputs – wie Medikamente oder Wurmkuren verabreichen – auszugleichen beziehungsweise deren Einfluss auf die Beziehung zu reduzieren. Während es in einigen Berufen wie Hufschmied oder Tierarzt entscheidend ist zu lernen, wie man mit vielen fremden Pferden umgehen kann, müssen insbesondere Züchter, Pflegepersonal, Pferdebesitzer und Trainer lernen, wie sie eine dauerhafte Beziehung zum Pferd aufbauen. Nur wer gut beobachten kann und sein Wissen ständig auf dem Laufenden hält, wird ein zufriedenstellendes Ergebnis erzielen [53]. Darüber hinaus sind Zeit, Kreativität und Einfühlungsvermögen die wesentlichen Schlüssel zum Erfolg. Dabei sollte man sein Handeln auch immer wieder einmal kritisch überprüfen. Pferde beginnen mit dem Menschen – von diesem häufig unbemerkt – „Wer bewegt wen?“ zu spielen und bringen ihm Kunststücke bei wie: „Schaffe ich es, meinen Menschen rückwärts zu richten, indem ich auf ihn zugehe?“ oder: „Kann ich ihm beibringen, dass er auf mich zukommt, wenn ich stehenbleibe?“ [121]

Die Art des Umgangs, und wie dieser vom Tier wahrgenommen wird, kann die spätere Mensch-Tier-Beziehung stark beeinflussen. Einige Untersuchungen zeigten, dass Streicheln nicht unbedingt eine Belohnung für Tiere darstellt. Andererseits konnte in vielen Studien, in denen die Furcht der Tiere vor dem Menschen reduziert und die Umgangsmöglichkeiten verbessert werden konnten, diese Entwicklung darauf zurückgeführt werden, dass die Anwesenheit des Menschen mit der Gabe von Futter verknüpft war. Die Verknüpfung der Anwesenheit des Menschen oder des Handlings mit einem positiven Verstärker wie Futter bewirkt somit, dass sich die zuerst negative

Experiment zur Stabilität der Reaktivität von Pferden auf den Menschen

Insgesamt 110 Pferde (Angloaraber und Welshponys) wurden mit 8 Monaten, 1,5 Jahren und 54 Tiere auch mit 2,5 Jahren folgenden Tests unterzogen:

- Reaktion auf einen passiven bekannten Menschen
- Reaktion auf einen aktiven (Versuch zu streicheln) bekannten Menschen
- Reaktion auf einen aktiven (Versuch zu streicheln) unbekannten Menschen
- Herzfrequenzmessung beim Halftern und Sattelgurtanlegen

Es zeigten sich stabile Reaktionen über die Tests und das Alter der Pferde. Demnach gibt es offenbar eine Eigenschaft bei Pferden, die man als Reaktivität auf den Menschen bezeichnen kann. Je mehr ein Pferd den passiven Menschen beroch, beleckte oder beknabberte, umso leichter war es sowohl für den bekannten als auch den unbekannten Menschen, das Pferd zu berühren und zu halftern [89].

Bei Pferden findet die Kontaktaufnahme zum Menschen vor allem über den Geruch statt.

Bedeutung des Menschen oder des Handlings verringert. Dieses Wissen kann man auch schon bei jungen Pferden einsetzen, sobald diese festes Futter zu sich nehmen können.

Einer der größten Fehler im Umgang mit den Pferden ist, dass Menschen beim Pferd „menschliches Denken“ voraussetzen [32]. So nehmen sie häufig an, dass Pferde mit dem Menschen kooperieren, um gemeinsam mit dem Reiter ein (sportliches) Ziel zu erreichen. Mit einer solchen Sichtweise entstehen aber zwangsläufig Missverständnisse, denn diese Meinung legt komplexe kognitive und empathische Fähigkeiten des Pferdes zugrunde, die nicht vorhanden sind. Aus der Sicht der Verhaltensforschung gibt es keinen hinreichenden Grund zur Annahme, dass Pferde in außergewöhnlichen Situationen die von ihnen geforderte (maximale) Leistung bewusst für den Reiter eingesetzt beziehungsweise um einen Sieg mitgekämpft haben. Pferde agieren grundsätzlich nicht aufgrund einer sozialen Verpflichtung gegenüber ihren Artgenossen – eine Ausnahme ist die Mutter-Kind-Beziehung – und somit auch nicht aus Rücksicht auf die Unversehrtheit, das Wohlbefinden oder gar die ehrgeizigen sportlichen Interessen des Menschen. Bei Aussagen von Pferdebesitzern über die emotionale Verbundenheit ihres Pferdes an ihre Person bleibt stets die Frage offen, inwieweit hier der Wunsch der Vater des Gedankens war [115].

Erste Kontakte

Mutterstuten bilden innerhalb der ersten Stunde nach der Geburt eine feste Bindung zu ihrem Fohlen, indem sie es ablecken. Dieses Leckverhalten verschwindet dann nach einigen Stunden bei den meisten Stuten wieder völlig.

Es kommt selten vor, dass Stuten ihre Fohlen nicht annehmen (bei Araberstuten 5 Prozent, bei anderen Rassen weniger als 2 Prozent). Es gibt drei Typen der Ablehnung des Fohlens:

- Furcht vor dem Fohlen: Dies kann schnell gelöst werden, indem die Stute festgehalten wird, damit das Fohlen saugen kann. Die Stuten lernen dabei schnell, dass Saugen angenehm ist. Dieser Prozess dauert normalerweise nur ein paar Stunden, da Fohlen häufig saugen (etwa viermal pro Stunde).
- Vermeidung der Berührung der Inguinalfalte beim Saugen: Auch dieses Problem kann durch Desensibilisierung der Inguinalfalte in wenigen Stunden gelöst werden.

- Aggressivität gegen das Fohlen, ohne dass es die Stute berührt: Die Behandlung dieses Problems ist komplexer und langwieriger. Dieser Typ der Fohlenablehnung kann mit Medikamenten behandelt werden, welche die Dopaminausschüttung hemmen. Dopamin hemmt Prolactin, welches die Milchproduktion erhöht. Die Stute sollte immer Sichtkontakt zum Fohlen haben, aber ansonsten abgetrennt sein, um es nicht schlagen oder beißen zu können [65].

Die Erfahrung, dass die Reaktion der Stuten auf den Menschen über soziales Lernen auf das Fohlen übertragen werden kann, sollte bei der ersten Kontaktaufnahme des Menschen mit den Fohlen beachtet werden. Dabei gilt grundsätzlich: Wenn die Stuten ruhig sind, ist auch der Umgang mit den Fohlen leichter. Umgekehrt wurde eine Korrelation zwischen der Nervosität der Stute und dem Widerstand des Fohlens gegenüber dem Gefangenwerden, Halftern und Führen im Alter von vier Monaten gefunden.

In weiteren Untersuchungen ergab sich, dass Fohlen, deren Mütter mit dem Menschen Kontakt aufnahmen, schneller zutraulich wurden als solche, deren Mütter unbeteiligt reagierten. Fohlen, deren Mütter gebürstet und von Hand gefüttert wurden, näherten sich dem Menschen im Alter von zwei Wochen sehr bereitwillig und akzeptierten direkten menschlichen Kontakt sowie die meisten von ihnen im Alter von einem Monat eine Satteldecke auf dem Rücken. An die Fohlen, mit deren Müttern behutsam umgegangen wurde, konnte ein Jahr später eine bekannte oder unbekannte Person im Paddock leicht herangehen und es am gesamten Körper streicheln, was bei den Kontrolltieren kaum möglich war [60].

Dieser Einfluss des Verhaltens der Stute lässt offensichtlich mit zunehmendem Alter des Fohlens nach. Auch an sechs Monate alten Fohlen wurde zwar noch ein Effekt des positiven Umgangs mit der Stute auf die Reaktion der Fohlen gegenüber dem Menschen gefunden, doch nicht mehr so ausgeprägt und mit stärkeren

Durch Lecken und Beriechen wird eine stabile Mutter-Kind-Bindung hergestellt.

Unterschieden zwischen den Individuen als in den ersten Lebenswochen. Man hat daraus geschlossen, dass die Fohlen in diesem Alter bereits charakterliche Eigenheiten entwickelt haben, die in die Reaktionen auf das Verhalten der Stute mit einfließen [59].

Die Nutzung dieser natürlichen Tendenz des Fohlens, von der Mutter zu lernen, scheint vielversprechend zu sein, insbesondere weil sie keinerlei Stress erzeugt. Es ist aber auch nachvollziehbar, dass der Effekt sehr negativ sein kann, wenn die

Eine gute Beziehung zur Stute erleichtert dem Menschen die Kontaktaufnahme zum Fohlen.

Mensch-Stute-Beziehung schlecht ist oder wenn die Stute nervös oder aggressiv reagiert [53].

Es ist manches Mal schwierig abzuschätzen, was aus der Sicht des Tieres zu einer positiven Beziehung beiträgt, doch es ist sicher, dass viele positive Interaktionen die Wahrscheinlichkeit der Entstehung einer positiven Beziehung erhöhen. So kann jedes Handling als positiv bewertet werden, wenn die Verhaltensreaktion des Tieres im weiteren Verlauf positiv ist, das heißt, es kommt näher, sucht Kontakt und zeigt weder Meideverhalten, Aggression noch Flucht. In diesem Zusammenhang ist aber auch jedes Handling von Fohlen, das einen starken Widerstand der Tiere hervorruft – wie zum Beispiel das Imprinting – kritisch zu betrachten [53].

Liebesbeweise des Menschen sollten möglichst so erfolgen, dass sie vom Pferd auch als solche wahrgenommen werden können.

Imprint-Training nach Miller: Unmittelbar nach der Geburt und vor dem ersten Saugen wird das Fohlen am ganzen Körper berührt, wobei es an den Boden gedrückt wird. Außerdem wird das Fohlen mit künftig bekanntermaßen furchteinflößenden Gerätschaften in Kontakt gebracht (zum Beispiel Plastiksack, Schermaschine, Halfter). Miller begründet dieses Vorgehen, indem er eine sensitive Periode kurz nach der Geburt annimmt und die Maßnahmen dadurch lange im Gedächtnis als bekannt und unschädlich gespeichert werden sollen [117].

Alle wissenschaftlichen Studien in diesem Zusammenhang kommen jedoch überein, dass dieses Vorgehen nicht mit einer Prägung zu vergleichen ist und dass die Fohlen einen starken Widerstand gegen diese Maßnahmen sowie Anzeichen von Stress zeigen. Ob dieser frühe Stress gerechtfertigt ist, indem die Fohlen sich später leichter handhaben lassen, wird in diesbezüglichen Folgeuntersuchungen eher verneint. Und selbst in Fällen, in denen positive Effekte erwähnt werden, sind diese nicht überragend. In allen Fällen zeigte das frühe Handling keine positiven Effekte auf Furchtreaktionen der Fohlen und die leicht positiven Reaktionen hinsichtlich der Annäherung an bekannte Personen können auch durch späteres Handling erreicht worden sein. Nicht zu unterschätzen sind auch die mögliche Beunruhigung der Stute sowie die Beeinträchtigung der Mutter-Kind-Bindung durch die Manipulationen in dieser frühen Phase.

Zeitlich befristetes intensives Handling in späteren Phasen (Tage oder Wochen nach der Geburt) scheinen ebenfalls keinen länger andauernden Effekt zu haben, nur dass sie das Halftern und Führen erleichtern und emotionale Reaktionen auf die Anwesenheit von Menschen innerhalb eines kurzen Zeitraumes vermindern. Um die positiven Effekte eines frühen Handlings zu erhalten, ist es wohl unumgänglich, die Maßnahmen regelmäßig zu wiederholen [53].

Absetzen und Aufzucht

In freilebenden Pferdeherden erfolgt das Absetzen in Form des zunehmenden Verweigerns des Saugakts durch die Stute. Dies erfolgt in der Regel, wenn die Fohlen etwa acht bis neun Monate alt sind, während manche Stuten ihre Fohlen aber auch noch bis kurz vor der Geburt des nächsten Fohlens säugen. Alle anderen Umweltbedingungen bleiben dort unverändert.

Unter Haltungsbedingungen werden die Fohlen in der Regel im Alter von vier bis sechs Monaten von der Stute getrennt und das Absetzen muss gemeinhin als Quelle von erheblichem emotionalem und physiologischem Stress betrachtet werden [165]. Nicht nur die Mutter-Kind-Bindung wird zumeist abrupt gebrochen, sondern darüber hinaus verändern sich auch die Fütterungspraktiken und die Art der Unterbringung stark. Gleichzeitig erhöht sich oft der menschliche Kontakt, da die Fohlen dann in der Regel entwurmt, geimpft und an das Halfter gewöhnt werden. Eine Untersuchung an 225 Fohlen über einen Zeitraum von vier Jahren zeigte, dass stereotype Verhaltensweisen nach dem Absetzen in hohem Maße auftreten, was unter Wildpferdepopulationen nie gefunden wurde [53].

Leider gibt es nicht die eine beste zu empfehlende Absetzmethode, da eine ganze Reihe von Faktoren zusätzlich eine Rolle spielen, wie zum Beispiel die verfügbaren Unterbringungsmöglichkeiten, der individuelle Entwicklungsstand des Fohlens, die Stärke der Stute-Fohlen-Bindung, die Fähigkeit des Fohlens, mit sozialen Veränderungen umzugehen, sowie auch die Fähigkeit des Pferdebesitzers, die gewählte Absetzmethode korrekt umzusetzen. In jedem Fall sollten die Fohlen aber bereits ausreichend lange vor dem Absetzen an das dann verabreichte Futter gewöhnt werden. Sie sollten Futter mit hohem Fasergehalt erhalten und möglichst in extensiver Kondition gehalten sein [165]. Außerdem können geeignete ausgewachsene Pferde (ruhig, verträglich, Stuten oder Wallache) in der Absetzgruppe den Stress der Fohlen reduzieren [58].

Untersuchungen zu verschiedenen Absetzmethoden

Schrittweises Absetzen durch wiederholtes kurzes Trennen von der Stute vor der vollständigen Trennung: Diese Vorgehensweise verbesserte die Reaktionen nicht und schien sogar eine höhere Sensibilisierung der Fohlen für die Trennung hervorzurufen. Allerdings war dies bei in Gruppen gehaltenen Stuten-Fohlen-Paaren weniger ausgeprägt [53].

Das Absetzen unter Beachtung sozialer Bindungen scheint dem einzelnen Absetzen überlegen zu sein: Paarweise abgesetzte Fohlen vokalisierten weniger als in der Gruppe abgesetzte Fohlen. Einzeln untergebrachte abgesetzte Fohlen haben ein größeres Risiko, Stereotypien zu entwickeln. Allerdings muss auch bei der Zusammenstellung von Gruppen darauf geachtet werden, dass dabei nicht noch zusätzlicher Stress durch Unverträglichkeiten entsteht. Die Anwesenheit eines geeigneten – auch unbekannten – ausgewachsenen Pferdes kann den Stress reduzieren [53].

Die Umgebungsbedingungen, wie die Haltung eher in einem Paddock als in einer Box und gute Futtersuchmöglichkeiten, sind wichtige stressreduzierende Bedingungen. Fohlen, die vor dem Absetzen eine fett- und ballaststoffreichen Nahrung erhalten haben, sind unmittelbar nach dem Absetzen weniger gestresst und auch im Umgang einfacher zu handhaben als solche, die viel Zucker und Stärke bekommen haben [53].

20 Paare von Stuten und Fohlen (Standardbred, Rennpferde) wurden in drei Gruppen aufgeteilt: kein Absetzen (Kontrolle), einzelnes Absetzen und paarweises Absetzen. Die Plasmakortisolwerte tendierten bei allen Fohlen und Stuten nach dem Absetzen zu höheren Werten, wobei kein Unterschied hinsichtlich der Absetzmethode festzustellen war [102].

Das Absetzen von jeweils fünf bis sechs Fohlen erfolgte entweder ohne erwachsene Pferde (A), in Anwesenheit von zwei Stuten, die zwar bekannt aber ohne eigene Fohlen waren (B), oder nacheinander, indem immer zwei Stuten pro Tag entfernt wurden (C). Aufgrund der gemessenen Kortisolwerte und dem Verhalten war in allen Gruppen Stress festzustellen, der allerdings in Gruppe B am geringsten ausgeprägt war [34].

Insgesamt jeweils 16 Fohlen wurden nach dem Absetzen nur mit gleichaltrigen Fohlen (A) oder mit zwei nicht bekannten ausgewachsenen Pferden gehalten (B). Alle Fohlen zeigten nach dem Absetzen vermehrte Lautäußerungen, starke Bewegungsaktivität und erhöhte Kortisolspiegel im Speichel. Diese Anzeichen für Stress waren bei den Fohlen in der Gruppe B geringer und kürzer andauernd als in A. Außerdem wurden auch nur bei den Fohlen der Gruppe A vermehrt Aggressionsverhalten gegenüber den Artgenossen und abnormes Verhalten wie übermäßiges Holzfressen und Saugverhalten an anderen Fohlen beobachtet [58].

Die abrupte Trennung von Stute und Fohlen beim Absetzen ist mit erheblichem Stress verbunden.

Auch bei der Aufzucht haben sich ausgewachsene Pferde in der Gruppe förderlich für die gesamte Verhaltensentwicklung und insbesondere von positivem sozialem Verhalten erwiesen [23]. Dies ist nicht weiter verwunderlich, da unter naturnahen Bedingungen Jungpferde auch unter ausgewachsenen Artgenossen aufwachsen und von diesen lernen. Unter Aufzuchtbedingungen stimmt allerdings dann meist das zahlenmäßige Verhältnis zwischen Jungtieren und ausgewachsenen Pferden nicht mit den natürlichen Bedingungen überein. Darüber hinaus müssen Jungpferde getrenntgeschlechtlich aufgezogen werden, was zumindest in Junghengstgruppen die jeweilige Beistellung von gleichgeschlechtlichen ausgewachsenen Artgenossen bedingt. Zu beachten ist, dass es in größeren Gruppen von Junghengsten mit zunehmendem Alter zur ernsthaften Überforderung der älteren Hengste und/oder Wallache kommen kann, was man durch rechtzeitiges Herausnehmen vermeiden muss.

Das Absetzen und das darauf folgende Jahr könnte nach derzeitigem Kenntnisstand die beste Zeit sein, um eine positive Bindung zwischen Mensch und Pferd aufzubauen. Es gibt jedoch keinen klaren Hinweis auf eine sensitive Periode in der Entwicklung der Fohlen, die den Aufbau einer Bindung erleichtern könnte. So können auch zweijährige Pferde, die keinem Handling unterzogen wurden, so zutraulich werden wie Pferde mit früherem Handling. Dies ist wahrscheinlich hauptsächlich als Folge der täglichen Wahrnehmung der Pferdepfleger zu sehen, die Futter bringen. Die einfache Verknüpfung von Menschen mit dem Vorgang der Fütterung ist eine eindeutig positive Verknüpfung und scheint ausreichend, um den Furchtlevel zu senken beziehungsweise die Motivation zur Kontaktaufnahme zu fördern.

Einige ausgewachsene Pferde bei den abgesetzten Fohlen können den Stress mildern.

Einer der wichtigsten Faktoren für leistungsstarke und gesunde Aufzuchtpferde ist die Bewegung.

Untersuchungen zum Umgang mit abgesetzten Fohlen

Auf 21 Zuchtstationen in Frankreich reagierten junge Pferde auf verschiedenen Höfen scheinbar sehr unterschiedlich auf den Menschen: In einigen Stationen näherten sich alle Pferde zwischen einem und drei Jahren dem Menschen spontan, in anderen näherte sich keines der Pferde oder floh sogar, wenn eine Person den Paddock betrat. Die Stationen, bei denen ruhige zwei- und dreijährige Pferde gefunden wurden, hatten auch einfach zu handhabende und ruhige Jährlinge. Wenn diese Ergebnisse mit den Managementbedingungen in Beziehung gesetzt wurden, erwies sich die beste Station (einfache und ruhige Pferde) als diejenige, welche die Pferde hauptsächlich um das Absetzen herum und/oder erst im darauffolgenden Jahr einem Handling unterzogen. Hingegen waren Stationen mit ängstlichen Pferden dadurch charakterisiert, dass dort entweder sehr intensives und permanentes Handling stattfand (von Imprinting bis täglichem Halfteraufziehen, Führen und anderem mehr) oder keinerlei Handling nach dem Absetzen und im Jahr danach. Übermäßiges Handling kann somit auch aversive Reaktionen hervorrufen und manche Perioden während der Entwicklungsphase sind offensichtlich ungeeignet für den menschlichen Kontakt beziehungsweise für spezielle Arten von Kontakt. Es ist auch anzunehmen, dass verschiedene Umgebungsfaktoren wie die Unterbringung in einer Box, das soziale Umfeld, die Menge an Raufutter, das Steigern von Übungen und vieles mehr für die Entwicklung des Verhaltens der Pferde von Bedeutung sind [53].

Fohlen wurden unmittelbar nach dem Absetzen für zwölf Tage einem Handling unterzogen und mit Gruppen verglichen, die dies erst ab drei Wochen nach dem Absetzen erhielten oder kein Handling erhalten haben. Alle Fohlen mit Handling waren leichter zu handhaben und weniger reaktiv als diejenigen ohne Handling. 18 Monate später war jedoch zwischen den Fohlen mit späterem und denjenigen ohne Handling kein Unterschied mehr feststellbar, während bei den Fohlen, die gleich nach dem Absetzen ein Handling erhielten, noch leichte Unterschiede vorhanden waren [53].

40 Quarterhorse-Absetzer wurden in fünf Gruppen aufgeteilt und nach dem Absetzen wie folgt behandelt: (a) minimales Handling nach dem Absetzen, (b) eine Woche Handling, (c) zweimal eine Woche Handling, (d) dreimal eine Woche Handling, (e) kontinuierliches Handling über 18 Monate. Handling bestand in allen Gruppen aus Halftern, Führen, Bürsten, Anbinden und der üblichen Versorgung, die von langjährig erfahrenen Betreuern durchgeführt wurde. Die Pferde wurden dann zweijährig in einem Lerntest untersucht. Alle Gruppen erreichten das Lernziel nach zehn Tagen, doch die Gruppe (e) erreichte einen konstant höheren Prozentsatz an korrekten Entscheidungen früher als alle anderen Gruppen. Die Pferde aus Gruppe (e) waren auch weniger emotional, was aus der Reaktivität auf einen neuen Reiz bestimmt wurde. Außerdem erreichten sie die höchsten Bewertungen für Trainierbarkeit, nachdem sie geritten wurden. Die Ergebnisse dieser Untersuchung weisen darauf hin, dass frühes und kontinuierliches Handling bei Pferden die Emotionalität verringert und die Lernfähigkeit erhöht [56].

40 Aufzuchtpferde wurden entweder einzeln in Boxen oder in Gruppen zu drei Pferden gehalten. Jeweils die Hälfte der Pferde wurde einem Handling unterzogen (dreimal für zehn Minuten pro Woche). Das Verhalten der Pferde wurde durch Annäherung an den Menschen in bekannter und fremder Umgebung getestet. In bekannter Umgebung näherten sich einzeln gehaltene Pferde eher dem Menschen als in Gruppen gehaltene Pferde, nicht jedoch in fremder Umgebung. Pferde mit Handling waren in der fremden Umgebung ruhiger als solche ohne Handling, in der bekannten Umgebung war kein Einfluss festzustellen. Schlussfolgerungen aus den Ergebnissen: Das soziale Umfeld beeinflusst das Verhalten der Pferde nur in der bekannten, Handling dagegen auch in fremder Umgebung. Handling ist also sinnvoll, um möglicherweise gefährliche Situationen zu vermeiden [156].

Bei allen Pferden ist deshalb die tägliche Beziehung zum Pflegepersonal und dessen Verhältnis zu den Tieren von entscheidender Bedeutung. Dieser Faktor muss somit bei der Anstellung beziehungsweise Beschäftigung von Personal auch im eigenen Interesse stets im Auge behalten werden. Alles in allem wird es wohl wichtiger sein, wie man eine Verbindung zum Tier herstellt, als wann dies geschieht [53].

Neben der Mensch-Pferd-Beziehung entscheiden die Aufzuchtbedingungen auch ganz entscheidend über das Wachstum, die Ausdauer und die Gesundheit der Pferde. Die Stabilität von Knochen- und Knorpelgewebe wird in der Zeit zwischen Geburt und zwei Jahren entscheidend bestimmt. Dabei ist die Bewegungsdauer und -intensität in dieser Phase ausschlaggebend. Man hat festgestellt, dass die kontinuierliche Bewegungsarbeit – wie dies zum Beispiel bei Weidehaltung stattfindet – die Qualität des Knorpelgewebes positiv beeinflusst. Demgegenüber hat man negative Auswirkungen gefunden, wenn wachsendes Gewebe nur phasenweise belastet wurde, wie dies bei Boxenhaltung mit stundenweisem Auslauf der Fall ist [141].

Auch der Durchmesser und damit die Stärke der Beugesehnen sowie der normale Schluss der Wachstumsfugen haben sich von der Bewegungsaktivität der Tiere während der Aufzucht abhängig erwiesen [164]. Gruppenhaltung und täglicher Koppelgang sollte daher für leistungsstarke Aufzuchtpferde unabdingbar sein.

Transport

Transportiert zu werden, kann keinem Normalverhalten von Pferden zugeordnet werden. Neben dem Aufenthalt in einem sich fortbewegenden Gefährt ist für Pferde bereits das Betreten einer dunklen Sackgasse über eine mehr oder weniger instabile Rampe höchst suspekt. Eine Untersuchung ergab auch unabhängig vom Alter der Pferde eine Erhöhung der Herzfrequenzwerte beim Verladen und während des Transports. Mit den unnatürlichen Körperhaltungen durch das Ausbalancieren während der Fahrt stellt ein Transport auch eine physische Belastung dar [166]. Insbesondere bei jedem Bremsen des Fahrzeugs wird das in Fahrtrichtung verladene Pferd mit der Brust mehr oder weniger stark an die vordere Begrenzungsstange gedrückt und die Vordergliedmaßen werden mit zusätzlichem Gewicht belastet. Hinzu kommt, dass die Pferde während des gesamten Transports den Kopf in erhobener Stellung halten müssen, was ständige Anspannung und damit Kraftaufwand im Bereich der Halsmuskulatur bedeutet. Zusätzlich ist auch der Kopf bei scharfen Bremsmanövern vor Verletzungen gefährdet.

Interessanterweise richten sich Pferde, wenn sie nicht angebunden transportiert werden, entgegen der Fahrtrichtung, also mit dem Kopf nach hinten aus. In mehreren unabhängig voneinander durchgeführten Untersuchungen in speziell für diesen Zweck konstruierten Transportern wurde festgestellt, dass mit dem Kopf entgegen der Fahrtrichtung transportierte Pferde im Gegensatz zu den konventionell transportierten weniger erregt und auch nach längerem Transport noch in guter körperlicher Verfassung waren. Neben dem einfacheren Ausbalancieren und der Möglichkeit, den Kopf entspannt gesenkt zu halten, hat sich bei diesen Transportern noch ein weiterer Vorteil herausgestellt: Wenn die Pferde rückwärts verladen werden müssen, oder auch wenn es sich um einen Durchlauftransporter handelt, ist dies für manche weniger angstauslösend, weil das Betreten der dunklen Sackgasse entschärft ist. So konnte ein Pferd, das mit langer Geschichte von Stress und Verletzungen im Zusammenhang mit dem Verladen und Transport bereits als nicht transportierbar aufgegeben war, durch die Methode des Rückwärtsverladens und -fahrens wieder transportiert werden [26] [28].

Warum sich diese nachvollziehbaren Argumente für ein verändertes Transportmanagement hierzulande nicht durchsetzen konnten, ist nicht ersichtlich. Dahinter wird stark das „Gewohnheitstier“ Mensch vermutet: Wenn eine Nachfrage

Pferde sollten sich möglichst im Heimatstall an das Verladen gewöhnen können.

nach Transportfahrzeugen für den Rückwärtstransport bestehen würde, wären sie auch bei uns auf dem Markt. Es wird aber ausdrücklich darauf hingewiesen, dass Pferde in Hängern für den Vorwärtstransport nicht rückwärts transportiert werden dürfen!

Jedenfalls sollte man alle Pferde möglichst problemlos verladen und fahren können. Selbst wenn man nicht plant, regelmäßig auf Turniere oder sonstige Veranstaltungen zu gehen, kann immer wieder einmal ein Transport im Notfall anstehen. Und wenn das Pferd dann nicht in den Hänger geht, kann dies schnell fatal enden.

Beim Gewöhnen an den Transport sollte man früh beginnen und dabei möglichst nichts falsch machen. Dann hat man in der Regel später ein Pferd, das in diesem Zusammenhang keine Probleme macht. Wichtig ist es, dass vor allem die Gewöhnungsphase ruhig, überlegt und ohne Zeitdruck stattfindet.

Der erste Transport eines Pferdes findet oft schon als wenige Tage altes Fohlen mit der Mutterstute statt. Da die Fohlen dann das Führen am Halfter sowie das Anbinden nicht gewohnt sind, können sie im Hänger nur frei transportiert werden. Dies bedeutet aber auch, dass es während des Transports keine Trennwand zwischen Stute und Fohlen gibt, sodass das Fohlen jederzeit an der Stute saugen und sich auch ablegen kann. Diese Bedingungen erfordern jedoch neben einer besonders vorsichtigen Fahrweise einige zusätzliche Sicherheitsmaßnahmen: Zur Stabilisierung des Hängers muss dann vorne und hinten eine möglichst gepolsterte durchgehende Querstange angebracht sein. Zusätzlich ist es von Vorteil, wenn an der vorderen Stange noch eine schwere

Das Transportfahrzeug sollte bei den Pferden keine Ängste oder Widerstände hervorrufen.

Gummimatte befestigt wird, die verhindert, dass das Fohlen in den vorderen Hängerbereich gelangt und einem beim Öffnen der vorderen Tür entgegenspringt. In jedem Fall sollte die vordere Einstiegstür während der Fahrt abgeschlossen sein, damit sie das Fohlen nicht durch Herumspielen an der Verriegelung öffnen kann. Zu beachten ist auch, dass der Abstand der hinteren Querstange zur Hängerklappe weder so groß ist, dass das Fohlen den Kopf einklemmen kann, noch so gering, dass es bei einem eventuellen Steigen mit den Beinen hängen bleibt. Entsprechendes gilt für das sogenannte Fohlengitter das – zwischen Heckklappe und Hängerdach befestigt – verhindern soll, dass das Fohlen über die geschlossene Klappe springt.

Sobald Fohlen an Halfter und Anbinden gewöhnt sind und der Transport nicht über weite Strecken vorgesehen ist, sollte man mit Trennwand transportieren. Dadurch finden sowohl Stute als auch Fohlen bei den nicht vermeidbaren Fliehkräften während des Fahrens mehr Halt. Allerdings müssen dazu vorn wie auch hinten dem Fohlen angepasste Abstützvorrichtungen vorhanden sein.

Beim Verladen von Stuten mit Fohlen bei Fuß gehen die Meinungen darüber teilweise auseinander, wer zuerst einsteigen soll. Die meisten Züchter und erfahrenen Pferdetransporteure plädieren dafür, dass zuerst das Fohlen – dichtgefolgt von der Stute – in den Hänger sollte. Dieses Vorgehen wird damit begründet, dass auch Stuten, die sich sonst problemlos verladen lassen, schnell unruhig werden und wieder aus dem Hänger drängen, wenn das Fohlen nicht gleich folgt. Wenn dies einige Male passiert, lassen sich letztlich weder Stute noch Fohlen verladen.

Es wird auch empfohlen, zum Verladen von Stuten mit Fohlen mindestens drei, besser vier Personen bereit zu haben: eine zum Führen der Stute, zwei zum Schieben und Lotsen des Fohlens und bestenfalls eine zum Schließen von Querstange und Hängerklappe. Das Fohlen sollte sanft in den Hänger geschoben werden, indem die zwei Personen jeweils mit einem Arm ineinander greifen und unterhalb des Schweifes ansetzen. Mit dem jeweils freien Arm, der seitlich am unteren Hals des Fohlens ansetzt, kann man es in die gewünschte Richtung dirigieren. Es gilt in jedem Fall zu vermeiden, dass sich das Fohlen beim Verladen stark erregt, steigt oder gar überschlägt. Letzteres kommt insbesondere dann vor, wenn jemand versucht, das Fohlen nur am Führstrick in den Hänger zu ziehen und es sich dabei losreißt. Abgesehen von der Verletzungsgefahr kann ein solches Erlebnis jedes weitere Verladen zu einem dauerhaften Problem werden lassen.

Auch Absetzer sollte man möglichst nicht alleine und idealerweise zusammen mit der Stute oder einem ruhigen und problemlos zu verladenden älteren Artgenossen transportieren. In solchen Fällen wird zuerst das erfahrene Pferd und anschließend das Jungtier verladen [29].

Werden Pferde von Beginn an korrekt an das Verladen und das Gefahrenwerden gewöhnt und haben auch danach keine offensichtlich schlechten Erfahrungen in diesem Zusammenhang gemacht, gibt es später meist keine Probleme mehr. Hierbei bewährt sich die Tatsache, dass es sich bei Pferden um ausgesprochene Gewohnheitstiere handelt.

Dennoch gibt es immer noch gewisse Unterschiede im Verhalten bei den einzelnen Individuen. Bei leicht erregbaren oder insgesamt ängstlicheren Typen muss der Mensch noch mehr als üblich diese Situation durch tatsächliche Gelassenheit und Souveränität entschärfen. Für diese Pferdetypen sind auch die geringsten Anzeichen der Unsicherheit beim Menschen ein Hinweis zur Vorsicht.

Andererseits gibt es aber auch Pferdetypen, die den Menschen bei Begebenheiten, die keine eigene Bedürfnisbefriedigung erwarten lässt, zuerst einmal prüfen, wie bestimmt dessen Auftreten ist. Stellen diese Pferde Unsicherheiten fest, kann es ebenfalls zu Verweigerungen kommen – dieses Mal jedoch nicht aus Angst, sondern einfach nur wegen fehlender Motivation.

Mit Sicherheit nicht hilfreich wäre in beiden Fällen, die Pferde zu bestrafen oder zu versuchen, sie mit Gewalt in den Hänger zu bringen. Abgesehen von den schmerzhaften Einwirkungen auf das Pferd sind derartige Aktionen immer auch mit Erregung des Menschen verbunden, was die gesamte Situation für das Pferd noch weniger vertrauenswürdig erscheinen lässt. Strafmaßnahmen führen bestenfalls für den Augenblick zu einer Lösung, doch spätestens beim nächsten Verladen werden die Abwehrreaktionen noch heftiger ausfallen.

Ausbildung von Pferden – Reiten

Ausbildung beinhaltet allgemein die Erweiterung von erwünschten natürlichen Verhaltensweisen, die Unterdrückung von unerwünschten natürlichen Reaktionen und – in begrenztem Ausmaß – die Einführung von „neuem" Verhalten. Dies ist am besten dadurch zu erreichen, indem die Grundprinzipien des Lernens mit den individuellen Lerntendenzen des Pferdes kombiniert werden [27].

Generell sind Pferde, die in der Gruppe leben, einfacher im Umgang und auch leichter auszubilden, was mit dem Lernen durch soziale Interaktionen mit Artgenossen zu tun haben kann – das heißt, aufmerksam zu sein gegenüber deren Signalen [53]. Hinzu kommt die höhere Ausgeglichenheit dieser Tiere, sodass deren Energie durch den Menschen besser zu kontrollieren ist.

Grundsätzlich ist jede Nutzung von Pferden mit Aktivitäten und Einwirkungen verbunden, die insgesamt das Wohlbefinden dieser Tiere beeinträchtigen können. Um die Nutzung der Pferde zu unserem Vergnügen und insbesondere sportlichem Ehrgeiz zu rechtfertigen, sollten wir deshalb strenge moralische Bedingungen an uns stellen, um sicher zu gehen, dass wir alles vermeiden, was das Wohlbefinden dieser Tiere aufs Spiel setzt.

Um eine Überforderung des Pferdes zu vermeiden, sollte der Ausbilder immer berücksichtigen, dass Pferde – was die Körpergröße betrifft –

Untersuchungen zum Ausbildungsaufwand verschieden gehaltener Pferde

Die Ausbildungszeit von aufgestallten Pferden (n = 6) war signifikant höher als die der auf der Weide gehaltenen Pferde (n = 6). Die aufgestallte Gruppe benötigte mehr Zeit, um sich an die Aktivitäten vom Beginn des Trainings bis zum Aufsteigen zu gewöhnen. Die Häufigkeit von unerwünschtem Verhalten (Buckeln, Nach-vorn-Springen) war bei der Stallgruppe höher. Bei den Weidepferden bestand lediglich eine Tendenz zu höheren Herzfrequenzwerten zu Beginn der Ausbildung [139].

mit etwa fünf Jahren weitgehend ausgewachsen sind, jedoch erst mit etwa sieben Jahren die körperliche Gesamtentwicklung abgeschlossen ist [31]. Dennoch werden viele Pferde bereits im Alter von zwei bis drei Jahren reiterlich antrainiert. Erfolgt dies dem Alter angemessen mit leichten Aufgaben von relativ kurzer Dauer pro Trainingseinheit, muss dieses Vorgehen keine schädlichen Konsequenzen nach sich ziehen. In einer Untersuchung an jeweils sechs knapp zweijährigen Vollblutpferden hat sich dabei tägliches leichtes Training effektiver erwiesen als viertägiges leichtes Training im Wechsel mit dreitägigen Pausen [87].

In diesem Zusammenhang steht auch die Frage, welches Gewicht ein Pferd maximal tragen oder ziehen sollte. Da zahlreiche Faktoren eine Rolle spielen, kann man diese Frage nicht mit allgemein gültigen Zahlen oder Formeln beantworten. Neben dem Alter, Körperbau und Ernährungszustand sind der Ausbildungsstand und die Kondition wesentlich bei der Abschätzung der vertretbaren Belastung. Außerdem hat auch die zu bewältigende Aufgabe eine Bedeutung. So gilt zum Beispiel für gut trainierte Zugpferde bei Verwendung einer optimalen Ausrüstung die Faustregel, dass sie Lasten bis zum Dreifachen des Körpergewichts ziehen können, doch nur wenn der Untergrund durchgehend eben und befestigt ist. Bei unebenem Gelände, kurzzeitigen Steigungen, ständigem Stop-and-Go oder längerer Fahrzeit sollten sie nicht mehr als das Zweifache des Körpergewichts ziehen müssen. Auf schwer befahrbarem Untergrund und zur Bewältigung extremer

Wenn die Menschen Spaß und Freude bei der Arbeit haben, überträgt sich dies auch auf die Pferde.

Steigungen sollte die Last maximal dem einfachen Körpergewicht des Pferdes entsprechen [16].

Das akzeptable Reitergewicht wird derzeit wie folgt eingeteilt: Wiegt der Reiter (inklusive Ausrüstung und Sattel) maximal 10 Prozent des Pferdegewichts, geht man von idealen Voraussetzungen aus. Doch auch Reitergewichte bis zu 15 Prozent des Pferdegewichts sind noch tolerierbar. Übersteigt das Reitergewicht 15 Prozent des Pferdegewichts, wird dies als kritisch für Gesundheit und Wohlbefinden des Pferdes beurteilt. Nicht mehr akzeptabel sind Reitergewichte von mehr als 20 Prozent des Pferdegewichts, wie dies übereinstimmend sowohl aus Studien des Militärs aus dem letzten Jahrhundert als auch aktuell an Reitpferden hervorgeht [48]. In einer anderen Herangehensweise wurde eine Formel erstellt, die auf der Widerristhöhe des Pferdes basiert (Stockmaß in Zentimeter - 100 + 30 = maximales Gewicht des Reiters in kg) [97]. Doch man kann damit nur einen sehr groben Anhaltspunkt gewinnen, da es in diesem Zusammenhang eher auf Körperbau

Wenn der Schwerpunkt des Reiters so hoch über dem Rücken des Pferdes liegt, kann das nicht gut gehen.

Eine Aufstiegshilfe zu benutzen, zeugt nicht von Unsportlichkeit, sondern dient der Schonung des Pferdes und sollte deshalb wo immer möglich Verwendung finden.

und Bemuskelung eines Pferdes ankommt als auf die Widerristhöhe. Gute Gewichtsträger sind nicht sehr groß, kompakt gebaut, nicht zu lang im Rücken, mit tief angesetztem Hals und relativ kurzem und kräftigem Fundament. Und letztlich hängt die Auswirkung der Gewichtsbelastung auch noch davon ab, welche Leistung von den Tieren gefordert wird (Gangart, Tempo, Untergrund und Ähnliches mehr).

Am stärksten reagieren junge Pferde auf das Aufsteigen des Reiters. Die gemessene Konzentration an Stresshormonen (Kortisol) im Speichel war bei den Untersuchungen allerdings immer noch deutlich niedriger als mit derselben Methode gemessene Werte von Pferden während des Straßentransports.

Die Fortbewegung unter dem Reiter reduziert die Stressreaktion auch schon wieder. Man erklärt sich dies wie folgt: Wenn die Pferde die Anwesenheit des Reiters auf ihrem Rücken einmal akzeptiert haben, erfordern die nächsten Trainingsschritte vorwiegend natürliche Verhaltensmuster. Vom Pferd wird erwartet, dass es sein Gleichgewicht unter dem Reiter erlangt und sich im Schritt, Trab und Galopp fortbewegt. Solange dies innerhalb eines systematischen und schrittweisen Programms trainiert wird, ist dies wohl eher eine physikalische Anforderung als ein vom Reiter verursachter Stressfaktor.

Die Untersuchungen unterstreichen somit aber die Forderung, dass insbesondere das Aufsteigen auf das Pferd durch den Reiter als einer der ersten Schritte im reiterlichen Training mit größter Sorgfalt ausgeübt werden muss. Dabei auftretende Probleme können lange bestehen bleiben – vor allem daher, weil Pferde Tiere mit einem gutem Gedächtnis sind. Es ist darüber hinaus auch zu bedenken, dass es sich dabei um eine Situation

Gut trainierte Pferde erkennt man vor allem an der aktiven Hinterhand, dem locker getragenen Schweif und der entspannten Mimik.

handelt, die für das Pferd unter natürlichen Bedingungen eine bedrohliche und möglicherweise tödliche Gefahr darstellen kann [149]. Inwiefern diese instinktmäßige Bewertung jedoch zum Ausdruck kommt, hängt sicher weitgehend von Vorerfahrungen des Pferdes mit dem Menschen und dem Trainingsaufbau ab.

Die Richtlinien für Reiten und Fahren der Deutschen Reiterlichen Vereinigung, FN [31] basieren auf der klassischen Reitlehre, die in ihren allgemeinen Grundsätzen zum Umgang mit Pferden auch für alle anderen Reitweisen zutreffend sein sollten:

- Orientierung an der Natur, das heißt an den Bedürfnissen und den natürlichen, individuellen Anlagen des Pferdes
- Berücksichtigung der körperlichen Voraussetzungen und des natürlichen Verhaltens des Pferdes
- Ausgewogene Gymnastizierung und Kräftigung des Pferdes
- Abwechslungsreiche und vielseitige Ausbildung für jedes Pferd
- Schaffung und Erhaltung eines leistungsbereiten, willigen und vertrauensvoll mitarbeitenden Pferdes
- Elastischer, ausbalancierter Sitz des Reiters, gefühlvolle, feine Hilfengebung sowie Verständnis für die Natur des Pferdes und die Zusammenhänge der Reitlehre

Weitere allgemein gültige Aussagen aus den FN-Richtlinien [31]:

- Zu den individuellen Eigenschaften eines Pferdes gehören – wie beim Menschen auch – Stärken und Schwächen. Stärken zu fördern und Schwächen auszugleichen, ist ein wesentliches Ziel der Reiterei, was viel Erfahrung, Können, Verständnis und Geduld erfordert.

Untersuchung zum Einfluss der Körperhaltung der Reiter auf den Gesundheitszustand der Pferde

19 Pferde von zwei Reitschulen wurden chiropraktisch untersucht und während des Gerittenwerdens beobachtet. Bei 74 Prozent der Pferde wurden schwere Wirbelschäden diagnostiziert. Der Grad der Wirbelprobleme, der im Ruhezustand festgestellt wurde, korrelierte mit der Körperhaltung der Pferde während der Arbeit und die Körperhaltung der Pferde korrelierte mit der Körperhaltung der Reiter. Dort wo der Reitlehrer mehr auf die Körperhaltung der Reiter (Balance, tiefe Hand) achtete, gab es auch weniger Rückenprobleme [93].

- Pferd und Reiter sollten zu einem gemeinsamen Gleichgewicht mit so feiner Abstimmung finden, dass sie dem Betrachter als harmonisches Gesamtbild erscheinen.
- Ursachen für auftretende Schwierigkeiten, Rückschritte oder Misserfolge muss der Reiter immer zunächst bei sich selbst und nicht beim Pferd suchen. Das Verhalten des Pferdes und ein gutes Reitgefühl zeigen dem Reiter an, dass er auf dem richtigen Weg ist.

Zur Bewertung des Umgangs mit den Pferden insbesondere vor Prüfungen auf dem Vorbereitungsplatz wurde von der Deutschen Reiterlichen Vereinigung (FN) ein Kriterienkatalog erstellt, in den Merkmale von Reiter, Pferd und Ausrüstung eingehen, die in drei Stufen eingeteilt werden: pferdegerecht – auffällig – nicht pferdegerecht. Dieser Kriterienkatalog wurde zwar insbesondere für die Richter am Vorbereitungsplatz verfasst, ist aber auch für das pferdeinteressierte Publikum eine gute Hilfe bei der Bewertung verschiedener Praktiken („Beobachtung von Pferd und Reiter", FN-Verlag).

Insbesondere die Praxis der sogenannten Hyperflexion („Rollkur", LDR) ist immer wieder Gegenstand kontroverser Diskussionen und wissenschaftlicher Untersuchungen. Auch wenn diese Reitweise schon seit längerem zu beobachten ist, hat sie in letzten 20 Jahren doch deutlich zugenommen. Während in hochklassigen Turnieren anfangs der neunziger Jahre des letzten Jahrhunderts nur in den Phasen von versammeltem Trab und Galopp die Pferde überwiegend mit der Stirn-Nasenlinie hinter der Senkrechten vorgestellt wurden, war dies keine 20 Jahre später zusätzlich und verstärkt bei Passage und Piaffe der Fall [92]. Daraus ist zu schließen, dass die verantwortlichen

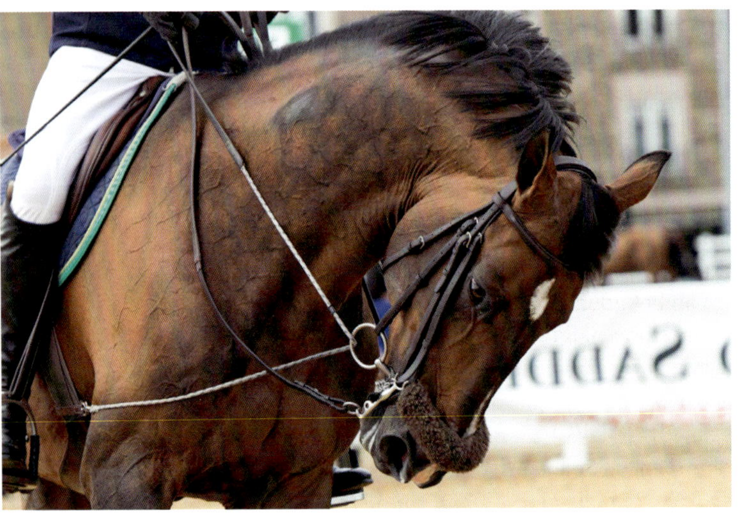

Wer nur mit solch drastischen Methoden auftreten kann, muss sich seine Qualifikation hinterfragen lassen.

Bei allen Reitstilen kann man gedankenlosen Umgang mit dem Pferd vorfinden.

Richter in dieser Reitweise bedauerlicherweise keinen Grund zur Beanstandung sahen.

Was bedeutet diese Entwicklung aber für die Pferde? Für eine Kosten-Nutzen-Analyse konnten im Jahr 2015 in einer Übersichtsarbeit 55 wissenschaftliche Untersuchungen zu Kopf- und Genickpositionen von Pferden und deren Auswirkungen gefunden werden. In 88 Prozent dieser Studien wurde auf negative Auswirkungen auf das Wohlbefinden der Pferde durch die Hyperflexion geschlossen. Nur eine Untersuchung ergab positive Auswirkungen auf das Wohlbefinden durch diese Trainingsmethode. Insgesamt befinden sich somit auf der Kostenseite eine klare Reduktion des Wohlbefindens der Pferde sowie eine Reihe unerwünschter gymnastischer Effekte, denen auf der Nutzenseite einige wünschenswerte gymnastische Effekte sowie eine potentiell bessere Kontrolle der Pferde durch den Reiter gegenüberstehen. Letzteres scheint der Hauptzweck dieser Methode zu sein, unabhängig davon, ob es sich um geübte oder weniger geübte Reiter handelt [78].

Somit scheinen die Kosten, die mit der Hyperflexion verbunden sind, den möglichen Nutzen deutlich zu übersteigen – insbesondere für die Pferde, aber auch für diejenigen Menschen, denen das Wohlergehen und die Gesundheit ihrer Pferde ein Anliegen ist.

Ziel jeder Ausbildung sollte sein, über positive Erfahrungen den Respekt des Pferdes zu gewinnen und dadurch auch sein Vertrauen. Dazu muss man aber zuerst einmal in der Lage sein, die Aufmerksamkeit des Pferdes auf sich zu ziehen. Das Pferd soll dem Trainer am Boden mit dem Kopf folgen, ihn anschauen und die Hinter-

Untersuchungen zur Hyperflexion („Rollkur")

Wenn Pferde die Wahl haben, entscheiden sie sich signifikant häufiger für normal aufgerichtetes Gerittenwerden als für die Rollkur. Während der Rollkur bewegen sich die Pferde langsamer und zeigen häufiger Anzeichen von Missempfindung wie Schweifschlagen, Kopfschlagen und Buckelversuche. Während der Rollkur reagieren die Pferde tendenziell ängstlicher auf neue Objekte und brauchen länger, um sich ihnen anzunähern. Die Ergebnisse der Untersuchung weisen darauf hin, dass die zwangsweise erreichte Hyperflexion für die Pferde unangenehm ist und sie ängstlicher macht, sodass sie auch gefährlicher zu reiten sind [22].
25 Pferde verschiedener Rassen wurden veranlasst, eine Reihe von vorher festgelegten, typischen Kopf-Hals-Stellungen einzunehmen. Dabei wurde unter anderem die Dehnung und Verkürzung der Muskeln festgestellt und bei fünf Pferden auch Röntgenaufnahmen der Wirbelsäule im Widerristbereich durchgeführt. Dass die Rollkur-Position die Muskeln und Nackenbänder überdehnt, konnte nicht festgestellt werden. Die Rollkur leistet aber auch keinen Beitrag zur Aufwölbung des Rückens [75].
In einer Untersuchung an 14 Pferden konnte mittels Endoskop nachgewiesen werden, dass die Hyperflexion unabhängig von Alter, anatomischen Differenzen, Ausbildung und Trainingszustand zu einer signifikanten Einengung des Larynx (Kehlkopf) führt. Außerdem stieg bei diesen Pferden auch der Kortisonlevel im Blut signifikant an, was als Hinweis auf Stress gewertet werden kann [57] [181].
Das Ausdrucksverhalten von jeweils 30 Pferden mit der Stirn-Nasenlinie vor oder hinter der Senkrechten auf Abreitplätzen unter dem Reiter wurde ausgewertet. Entgegen den Regeln der FN wurden 92,8 Prozent der Pferde unmittelbar vor den Prüfungen mit der Stirn-Nasenlinie hinter der Senkrechten geritten. Diese Pferde zeigten achtmal mehr Unmutsäußerungen (Kopf- und Schweifschlagen, Sperren, versuchtes Bocken, Zähneknirschen und anderes mehr) als solche, die mit der Stirn-Nasenlinie vor der Senkrechten abgeritten wurden. Die Pferde haben damit deutliches Unwohlsein signalisiert [72].
Dressurpferde werden auf dem Vorbereitungsplatz überwiegend (69 Prozent von 355 Pferden) und in signifikant geringerem Umfang während der Prüfung mit der Stirn-Nasenlinie deutlich hinter der Senkrechten geritten. In den niederen Prüfungsklassen (A/L) wurde das Vorführen von Pferden mit der Stirn-Nasenlinie hinter der Senkrechten mit schlechteren Wertnoten bestraft, bemerkenswerterweise jedoch nicht in den höheren Klassen (M/S). Pferde, die mit der Stirn-Nasenlinie hinter der Senkrechten geritten wurden, zeigten in den höheren Prüfungsklassen signifikant mehr Konfliktverhalten als in den niedrigen Klassen [73].

hand von ihm wegdrehen. Eine zugewandte Hinterhand stellt den Ansatz eines dominanten Verhaltens dar, da sich Pferde so verteidigen beziehungsweise angreifen. Daher kann es als ein Indikator für Respekt bewertet werden, wenn ein Pferd die Hinterhand vom Menschen abwendet [133].

Arbeitet man ein Pferd zu zweit (zum Beispiel vom Sattel und vom Boden), muss klar verabredet sein, wer die dominierende Rolle übernimmt, um das Pferd nicht zu irritieren. Die Erfahrung lehrt, dass Pferde mit dem auf dem Boden stehenden Menschen leichter kommunizieren können als mit dem reitenden – und ihn auch eher respektieren. Dies liegt höchstwahrscheinlich daran, dass der Mensch am Boden im Blickfeld des Pferdes steht und es damit dessen Körpersprache deutlicher wahrnehmen kann [150].

Die Bodenarbeit kann durch verschiedene Übungen den Aufbau einer natürlichen Dominanz des Menschen bewirken, ebenso wie eine mehr oder weniger freiwillige Unterordnung beim Pferd. Die Entscheidung, was vom Pferd dabei verlangt werden kann, ist abhängig vom Pferd,

Pferde können mit dem Menschen am Boden besser kommunizieren als mit dem Reiter.

von seinem Können und vor allem von seiner Kooperationsbereitschaft. Darüber hinaus muss der Mensch die entsprechenden Hilfsmittel zur Kommunikation (Halfter, Strick, Gerte, Körpersprache) korrekt einsetzen.

Häufig wird den Pferden dann aber nur eine Zeitspanne von wenigen Sekunden zugestanden, um sofort in gewünschter Weise zu reagieren. Danach setzen zumeist gleich Korrektur- oder Zwangsmaßnahmen ein, weil viele Menschen einerseits glauben, wenn sie das nicht tun, haben sie nicht die völlige Kontrolle über das Geschehen, und andererseits nicht bemerken, dass das Pferd bereits mit feinsten Signalen vorsichtig versucht hat, die gewünschten Reaktionen im Ansatz zu zeigen. Hierbei sind wieder nur Geduld, Einfühlungsvermögen und Vertrauen in die eigene Arbeit der Schlüssel zum Erfolg [1].

Pferde taxieren ihren Reiter schnell und leisten immer nur gerade so viel, wie es nach ihrer Einschätzung beim betreffenden Reiter unerlässlich ist. Respektiert das Pferd sein menschliches Gegenüber jedoch als ranghöheren Partner, so wirkt diese Konstellation als Verstärker für die reiterlichen Einwirkungen und erlaubt es, die Hilfengebung feiner abzustimmen und zu minimieren [150].

Die Herausforderung bei der Ausbildung und Reiterei besteht darin, den aktuellen Level der Wettbewerbe zu erhalten, ohne das Wohlbefinden der Pferde zu beeinträchtigen. Dies ist zum Beispiel zu erreichen, indem man mehr Wert auf die Fähigkeiten der Trainer und Reiter legt und Hilfsmittel und Trainingsmethoden beseitigt, die das Wohlbefinden der Pferde nahezu zwangsläufig negativ beeinflussen [69] [113].

Die acht Trainingsprinzipien

Folgende acht Trainingsprinzipien wurden 2010 von der Internationalen Gesellschaft für Pferdewissenschaften (ISES) als wesentliche Elemente der Reiterei angenommen:

1. Nutzung der Lerntheorien in geeigneter Weise: Dies ist eine umfassende Grundlage und beinhaltet, dass negative Verstärkung, positive Verstärkung, klassische Konditionierung und Gewöhnung korrekt bei der Pferdeausbildung eingesetzt werden. Somit ist unter anderem auch negative Verstärkung in der Pferdeausbildung einbezogen und wird durch nachlassenden Druck von Signalen („Hilfen") wirksam. Dabei ist entscheidend, dass jeder Druck beim (ersten) Auftreten der gewünschten Reaktion des Pferdes unmittelbar nachlässt. Nur so wird die Reaktion des Pferdes korrekt verstärkt und es ist frei von ständigem oder unnachgiebigem Druck.

2. Ausbildung mit leicht zu unterscheidenden Signalen (um Verwirrung zu vermeiden): In der Pferdeausbildung werden viele Reaktionen verlangt und dabei gibt es eine anatomisch begrenzte Anzahl an Stellen, wo einzelne Reize gesetzt werden können. Aus der Sicht des Pferdes können überlappende Signaleinsatzstellen sehr verwirrend sein, sodass es notwendig ist, die Signale so isoliert und eigenständig wie möglich anzubringen.

3. Reaktionen einzeln trainieren und gestalten (um Verwirrung zu vermeiden): Es ist eine Voraussetzung für effektives Lernen, dem Pferd die zu erlernenden Reaktionen eine nach der anderen beizubringen. Soweit wie möglich und sinnvoll sollte die gewünschte Reaktion in ihre minimalen Bestandteile aufgeteilt und anschließend Schritt für Schritt in einem Prozess, der Shaping (Gestaltung, Modellierung) genannt wird, vereint werden.

4. Nur eine Reaktion pro Signal trainieren (um Verwirrung zu vermeiden): Es ist wesentlich, dass jedes Signal jeweils nur eine Reaktion hervorruft. Komplexe Reaktionen bestehen aus verschiedenen, einzeln erlernten Elementen, die nach und nach zusammengebaut sein sollten. Zum Beispiel wird von der „Geh-vorwärts-Reaktion" erwartet, dass das Pferd sofort und leicht antritt, einen konstanten Rhythmus einhält, auf einer geraden Linie vorwärtsgeht und eine bestimmte Kopfhaltung zeigt. All dies sollte stufenweise in die gesamte erlernte Reaktion eines „Geh-vorwärts-Signals" eingeschlossen werden.

5. Die Reaktionen in einer bleibenden Struktur vervollständigen (um Vorhersehbarkeit zu gewähren): Um eine effektive Gewöhnungsform zu erhalten, ist es wichtig, dass erlernte Reaktionen geübt und danach auch in einem bestimmten Zeitrahmen und Ablauf ausgeführt werden. Dies betrifft zum Beispiel erlernte Wechsel, bei denen die Anzahl an Tritten für jeden Wechsel dieselbe ist.

6. Das Fortdauern der Reaktionen trainieren (Selbst-Haltung): Es ist eine fundamentale Eigenschaft des ethischen Ausbildungssystems, dass eine einmal ausgelöste Reaktion vom Tier selbst weitergeführt wird. Das Pferd sollte nicht ständig signalisierendem Druck mit den Beinen/Sporen oder den Zügeln ausgesetzt sein.

7. Fluchtreaktionen vermeiden oder abstellen (wegen deren Hartnäckigkeit gegenüber dem Auslöschen und Problemen mit der Angst): Wenn Tiere Angst haben, können alle Eigenschaften der Umgebung in diesem Moment – einschließlich der anwesenden Menschen – mit dieser Angst verknüpft werden. Es ist bekannt, dass Angstreaktionen nicht so abnehmen wie andere Reaktionen und dass ängstliche Tiere dazu tendieren, keine neuen Reaktionen zu erproben. Es ist daher wesentlich, dass man Angst bei der Ausbildung vermeidet.

8. Orientierung an der Entspannung (um die Abwesenheit von Konflikten sicherzustellen): Phasen der Entspannung müssen während der Ausbildung ständig gewährleistet sein. Wenn dagegen Konfliktverhalten auftritt, sollte man die Ausbildungsmethoden sorgfältig prüfen, damit dieses Verhalten reduziert und letztendlich vermieden wird. Nasenriemen und andere einschränkende Ausrüstungsgegenstände sollten so (locker) angebracht sein, damit Konfliktverhalten vom Pferd auch gezeigt und vom Ausbilder erkannt und vermieden werden kann [109].

Pferdewissenschaftler haben aktuell noch folgendes zu dieser Liste hinzugefügt:

Training gemäß den ethologischen und kognitiven Fähigkeiten von Pferden

- Die Ethologie der Pferde weist darauf hin, was für diese Tiere verhaltensgerechte Bedingungen sind. Pferde sind Herdentiere, die innerhalb der Gruppe enge soziale Bindungen mit Artgenossen eingehen. Während ihrer Evolution haben Pferde 16 Stunden über den Tag verteilt gegrast und sich dabei fortbewegt. Die dadurch entstehenden Anforderungen an die sozialen Bindungsmöglichkeiten, die Futteraufnahme und die Fortbewegung unter Haltungsbedingungen sind dementsprechend bestmöglich umzusetzen, um Frustration und Probleme mit Gesundheit und Verhalten zu vermeiden.
- Die Kognition bezieht sich auf die Art und Weise, wie Tiere Informationen aus ihrer Umwelt verarbeiten. Diese orientiert sich an den Notwendigkeiten, in der Umwelt zu überleben, in der sich die jeweilige Art entwickelt hat. Da Pferde in ihrer Entwicklung Beutetiere waren, mussten sie ständig auf mögliche Gefahren achten und haben so beste Fähigkeiten erlangt, auf entsprechende Reize mit Flucht zu reagieren. Die Intelligenz von Mensch und Pferd zum idealen Umgang mit ihrer jeweiligen Umwelt ist deshalb qualitativ verschieden. Dadurch differiert oft auch die jeweilige Bewertung, welche Reaktion „richtig" oder „falsch" ist. Im Sinne des Menschen unkorrekte Verhaltensweisen von Pferden sind deshalb eher ein Produkt des Trainings als des willkürlichen Ungehorsams [157].

Die Befolgung dieser Prinzipien und ihre Verinnerlichung in allen Pferdeausbildungsmethoden sollen den Trainingserfolg steigern, die Verhaltensstörungen der Pferde reduzieren und die Sicherheit für Mensch und Pferd erhöhen [109].

Einsatz von Ausrüstung und Hilfsmitteln

Die stets gut gepflegte, passende und einwandfreie Ausrüstung des Pferdes ist eine Voraussetzung für den sicheren und zweckmäßigen Gebrauch und den Schutz vor Unfällen. Zur Grundausrüstung für den Umgang mit Pferden gehören Stallhalfter, Anbindestrick mit leicht lösbarem Panikhaken und Führstrick mit Karabinerhaken, der sich nicht ungewollt leicht öffnen lässt. Zur Grundausrüstung zum Reiten des Pferdes gehören das Zaumzeug und der Sattel.

Hilfsmittel wie Gerte, Sporen und Hilfszügel sollen die Hilfengebung des Reiters durch Stimme, Zügel-, Gewichts- und Schenkelhilfen unterstützen. Sie dürfen jedoch nicht die vorherrschende Rolle bei der Einwirkung auf das Pferd übernehmen, sondern sollen – wie die gesamte Hilfengebung – im Verlauf der Ausbildung möglichst immer geringer zum Einsatz kommen.

Da wohl häufig nicht bekannt ist, wie die eingesetzten Mittel wirken, ist die Ausübung des Drucks oftmals unverhältnismäßig hoch beziehungsweise es kommt zu – meist unbewussten – dauerhaft schmerzhaften Einwirkungen. Diese Probleme verstärken sich noch für die Pferde, wenn die Ausrüstungsmaterialien nicht korrekt angepasst oder zu eng verschnallt sind.

In reiterlichen Disziplinen sollen Pferde „zufrieden" kauen, während das Aufsperren des Maules unerwünscht ist, da es Mängel in der Ausbildung aufzeigt. Es ist anzunehmen, dass dies auch der Grund für die vielfach zu eng verschnallten Nasenriemen ist. Diese verhindern aber letztlich nicht nur das Kauen, sondern beeinträchtigen offensichtlich auch die Blutzirkulation im Kopf des Pferdes. Denn neben einer Abkühlung der Kopfhaut wurden in diesem Zusammenhang auch erhöhte Temperaturen im Bereich der Augen festgestellt [104]. Alles in allem ist davon auszugehen, dass die zu enge

Hier nimmt die Reiterin den Test zur korrekten Verschnallung des Nasenriemens an der falschen Stelle vor!

Verschnallung zur Beeinträchtigung des Wohlbefindens der Pferde führt. Deshalb ist strengstens auf eine ausreichende Weite des Nasenriemens zu achten, die nur am Nasenrücken sinnvoll zu prüfen ist [74]. Derzeit wird dafür die sogenannte „Zwei-Finger-Regel“ eingesetzt, das heißt, zwei nebeneinander liegende Finger müssen zwischen Riemen und knöchernem Teil des Nasenrückens bequem eingeschoben werden können. Da sich die Maße der Finger zwischen Männern und Frauen signifikant unterscheiden, sollte diese Regel baldmöglich durch eine spezifischere Maßeinheit (genormtes Tool) ersetzt werden [5] [104]. Bis dahin kann auch der sogenannte „Würfelzuckertest“ als Maß dienen: Die Pferde müssen das Maul so weit öffnen können, dass man ein Stück Würfelzucker zwischen den Schneidezähnen durchschieben kann.

Die „Schärfe“ einer jeden Zügelwirkung hängt letztlich von der Kraft ab, mit der der Reiter an den Zügeln zieht beziehungsweise gegenhält. Diese Kraft wird allgemein erheblich unterschätzt. Sie sollte 20 Newton (= 2 kg) pro Zügel möglichst nicht überschreiten. Von einer harten Einwirkung wird bei 50 Newton (= 5 kg) gesprochen. Gemessen wurden bei turniererprobten Reitern im Trab Spitzenwerte bis zu 150 Newton (= 15 kg)! Hierbei bestanden auch keine Unterschiede zwischen Trensen- und Kandarenzügeln [134].

Anlässlich einer Informationsschau auf einer Pferdemesse wurde den Besuchern die Gelegenheit gegeben, ihre Zügeleinwirkung an einem Modell zu testen. Jede Zügelseite war mit einer digitalen Federwaage (200 g bis 50 kg) verbunden. Von Interesse war dabei neben dem eingesetzten Gewicht auch, inwiefern sich die rechte und linke Hand diesbezüglich unterscheiden. Dabei ergaben sich interessante Erkenntnisse für die Teilnehmer: zum einen, wie schnell die zwei Kilogramm Zügelzug erreicht sind, und zum anderen, dass Unterschiede bis weit über einem Kilogramm zwischen der rechten und der linken Hand häufig nicht bewusst wahrgenommen wurden. Diese Ergebnisse waren unabhängig vom Reitstil, von der Händigkeit sowie von Alter und Geschlecht der Teilnehmer.

Schlaufzügel wirken wie ein Flaschenzug, das heißt, sie verdoppeln in der Regel die Zügelkraft. Außerdem ändern sie je nach Verschnallung (unten oder seitlich am Sattelgurt) die Richtung derjenigen Kraft, die durch das Gebiss auf das Pferd einwirkt. Über beides scheinen sich viele Reiter nicht im Klaren zu sein. Auch das Martingal verändert bei korrekter Verschnallung Richtung und Stärke der Zügelkraft nach unten – jedoch nur, wenn das Pferd den Kopf hebt. Voraussetzung ist allerdings, dass die Ringe problemlos am Zügel gleiten, da ansonsten ebenfalls unkontrolliert erhöhte Kräfte auf das Gebiss einwirken [134].

Es wäre wünschenswert – weil unmittelbar förderlich für die Qualität der Ausbildung und damit das Wohlbefinden der Pferde – wenn Richter die schonendste Ausrüstung im Wettbewerb in ihre Bewertung des Reiters beziehungsweise des Ritts mit einbeziehen würden [112]. Zwar wird durchaus richtigerweise argumentiert, dass jede Ausrüstung in der der Hand des guten Reiters schonend eingesetzt werden kann. Doch selbst wenn diese Annahme stimmt, bleiben die Fragen, warum die Pferde teilweise derart „aufgerüstet" antreten müssen und insbesondere was die Zuschauer und potentiellen Nachwuchsreiter aus einer derartigen Demonstration mit nach Hause nehmen? Die Realität zeigt vielfach scharf wirkende Hilfsmittel in der Hand von weniger qualifizierten Reitern.

Bei der Ausbildung von Reitern oder Pflegepersonal sind Lerntheorien selten ein Thema. Es gibt allein deshalb einen dringenden Bedarf, dass die Lerntheorien in allen Bereichen des Pferdesports aufgenommen werden, weil es dann häufig keine Notwendigkeit mehr für den Peitscheneinsatz, Bestrafung sowie Frustration und Angst beim Pferd gäbe. Der Peitscheneinsatz in Pferderennen ist zum Beispiel dann problematisch, wenn er nicht zu schnellerem Laufen führt. Das kommt durchaus vor – aber ohne vernünftigen Grund, wenn das Pferd bereits am Limit belastet

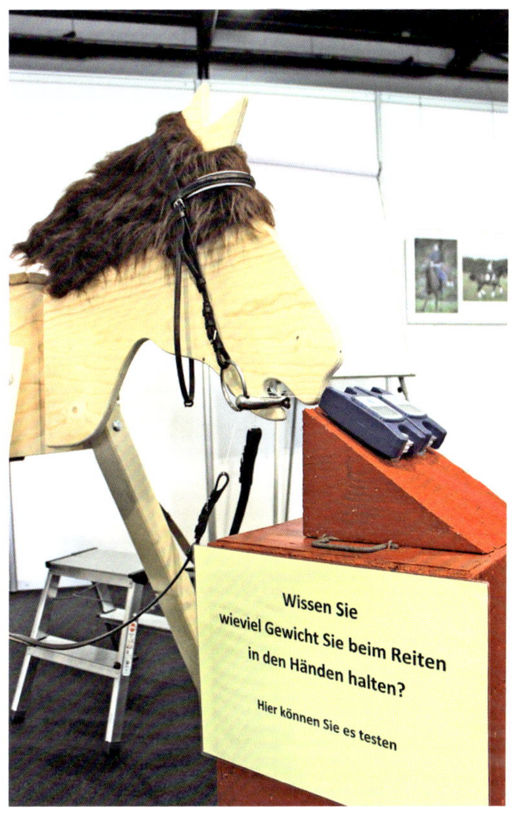

An diesem Modell zur Messung des Zügelzugs konnten die Teilnehmer einer Pferdemesse ihre Krafteinwirkung auf das Pferdemaul feststellen.

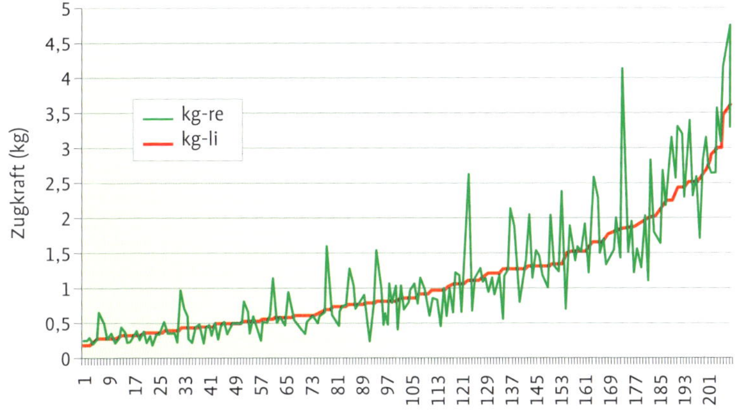

Ergebnisse aus einer Messung des Zügelzugs am Modell mit zwei Federwaagen.

Es ist zu bezweifeln, dass sich alle Reiter darüber im Klaren sind, welche Kräfte beim Einsatz mit Schlaufzügeln auf das Pferdemaul einwirken.

ist. In anderen Disziplinen haben Praktiken wie zum Beispiel Hyperflexion und reizende/scharfe Einreibungen ein signifikantes Potential, das Wohlbefinden der Pferde zu beeinträchtigen [112].

Ein weiterer Problembereich der Ausrüstung ist die Sattelpassform. Entsprechende Untersuchungen zeigen immer wieder, dass die Mehrzahl der Sättel nicht optimal dem jeweiligen Pferderücken angepasst ist, was zu Druckstellen, Schmerzen und Rittigkeitsproblemen führt. Wichtig zu wissen ist dabei auch, dass ein nicht passender Sattel mit keiner der zahlreich im Handel angebotenen Sattelunterlagen korrigiert werden kann. Für eine umfassende Kontrolle der Passgenauigkeit von Sätteln besteht heutzutage die Möglichkeit, mit elektronischen Satteldruckmessmatten die Druckverteilung unter dem Reiter und in allen Gangarten zu messen. Denn neben dem Satteltyp spielen auch Reitergewicht und Reitstil eine Rolle, wenn es um die Druckverteilung auf dem Pferderücken geht [43]. Da jedes Pferd in Körperbau und Bemuskelung verschieden ist, sollte es nur mit einem individuell angepassten Sattel geritten werden, da auch der beste Reiter schmerzhaften Druck im Bereich des Rückens nicht ausgleichen kann. Der weniger geübte Reiter verstärkt den Druck noch.

Bei entsprechender Anforderung und sofern fachgerecht angebracht ist der Hufbeschlag oftmals der Hufschutz der Wahl.

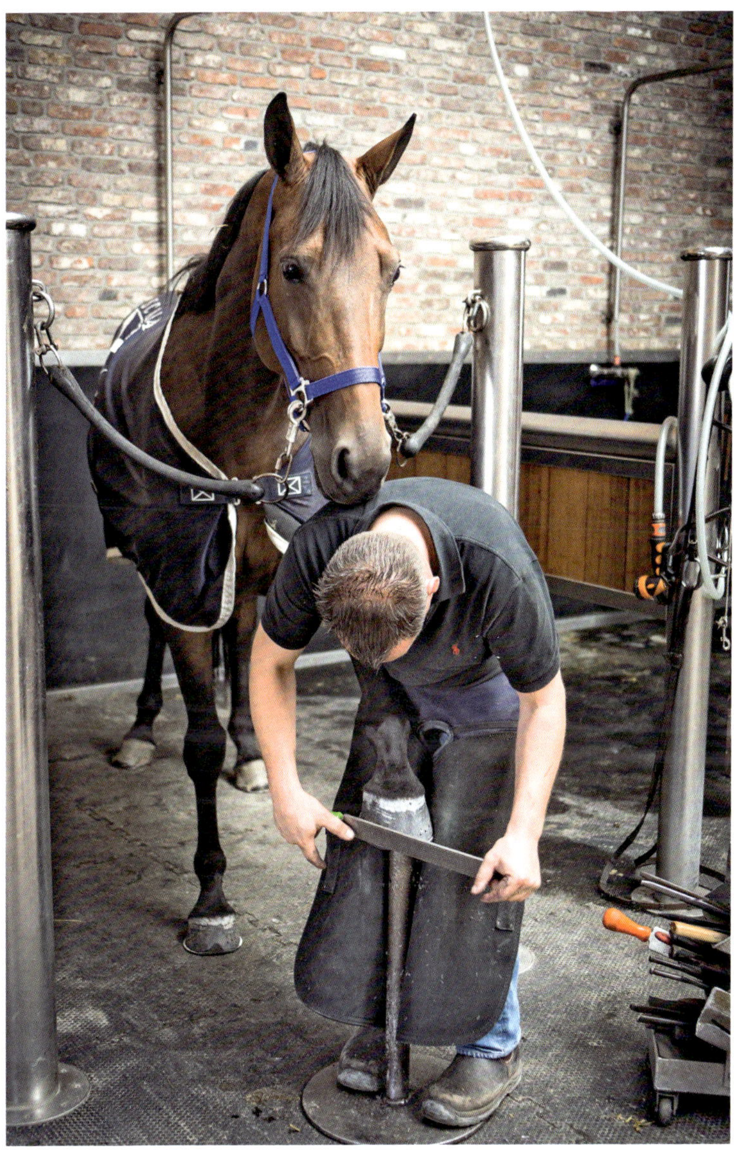

Auch der Hufschutz gehört im weitesten Sinne zur Ausrüstung des genutzten Pferdes. Dabei gilt die allgemeine Regel: so viel (Schutz) wie nötig und so wenig (Einschränkung) wie möglich. Jedes Pferd hat auch in diesem Bereich seine individuellen Anforderungen, die noch durch die Haltungs- und Nutzungsbedingungen modifiziert werden. Deshalb sind einseitige und unflexible Einstellungen in diesem Bereich dem Wohlbefinden der Pferde nicht dienlich.

Probleme bei der Ausbildung und Ursachenanalyse

Traditionelle Techniken im Reitsport stammen aus der Zeit der militärischen Nutzung des Pferdes und den Erfordernissen des Transports. Pferde werden somit überwiegend mit negativer Verstärkung trainiert: Sie müssen auf Signale reagieren, die auf Druck basieren und nicht auf positiver Verstärkung. Auch wenn diese Methoden grundsätzlich effektiv und dem Pferd auch von seiner Natur her nicht fremd sind, werden die notwendigerweise dahinter stehenden Lerntheorien oft nicht beachtet oder sind einfach unbekannt [105] [106]. Es kommt dann unweigerlich zu Verwirrung und Frustration bei den Pferden, wenn der Druck (zum Beispiel durch den treibenden Schenkel oder Zügelzug) nicht unmittelbar beendet wird, wenn sie die gewünschte Reaktion zeigen. Bekannt ist auch, dass Trainingsvorgänge, die wiederholt unangenehm und insbesondere auch frustrierend für die Pferde sind, das Lernen und die Leistung behindern, sowie zusätzlich das Wohlbefinden beeinträchtigen [47].

Bei Widersetzlichkeiten gilt es, die Ursache, die zumeist nicht beim Pferd zu suchen ist, abzustellen.

Empirische Beobachtungen zeigen eine Tendenz der Ausbilder, die negative Verstärkung und Strafe übermäßig einzusetzen und mögliche positive Verstärkung kaum zu berücksichtigen. Zu den Problemen gehören:

- Der hohe Einsatz von Strafe, wodurch das Pferd in eine unkontrollierbare Situation und dadurch motivationalen Konflikt gebracht werden kann
- Der Einsatz von uneffektiven Belohnungen wie das Klopfen oder Schlagen mit der flachen Hand, was höchstwahrscheinlich keine angenehme Erfahrung für das Pferd darstellt
- Die schlecht getimte Belohnung, die für das Pferd bedeutungslos ist oder aber zu unerwünschtem Verhalten anregt und dann letztendlich zu Verwirrung und Frustration führt
- Der unbekümmerte Umgang mit starken primären Verstärkern wie Futter, was Pferde zum Betteln und Beißen veranlassen kann
- Das Fehlen von Klarheit der Anweisungen, was zur Verwirrung führt und neurotisches Verhalten erzeugen kann
- Ungeeignete Hilfsmittel wie zum Beispiel scharfe Gebisse, zu enge Verschnallung des Nasenriemens oder schlecht angepasste beziehungsweise unterfütterte Sättel, die zu Schmerzen und dadurch unerwünschten Reaktionen führen
- Die wiederholte Verknüpfung zwischen Gerittenwerden und Schmerzen, was zu einer verschlechterten Mensch-Pferd-Beziehung führt [53]

Zeigen Pferde Abwehrreaktionen und Widersetzlichkeiten, können folgende Ursachen dahinter stehen:

- Das Pferd hat Schmerzen aufgrund unsachgemäßer Einwirkungen.
- Das Pferd hat Angst, weil es mit gefühlloser Härte traktiert wurde.
- Das Pferd versteht nicht, was von ihm verlangt wird.
- Das Pferd kann nicht, was von ihm verlangt wird.
- Die verlangten Übungen werden zu oft wiederholt.

Begegnet der Mensch Widersetzlichkeiten durch Härte und Gewalt, kann dies den Pferden ein für alle Mal den Mut zur sozialen Auseinandersetzung mit dem Menschen nehmen. Denjenigen, welche die Meinung vertreten, dass Reiten im Leistungssport eben eine härtere Sache sei, ist der Satz entgegenzuhalten:

„Brutalität beginnt da, wo das Können aufhört" [150].

Widersetzlichkeiten sollten den Menschen zum Nachdenken über die Ursachen veranlassen und nicht zu noch stärkerer Druckausübung führen. Denn wenn wir beginnen, mit den Pferden zu kämpfen, kämpfen sie zwar zunächst auch, doch sie versuchen selbst dann noch – vom Menschen leider oft unbemerkt – immer noch herauszufinden, was man eigentlich von ihnen will.

Viele Reiter erwarten, dass die Pferde auf ihre Einwirkung unmittelbar gemäß ihrer Vorstellung reagieren. Mit dieser Einstellung fehlt es den Menschen aber an Einfühlungsvermögen und Geduld. Selbst wenn die Pferde sich bestmöglich bemühen, alles richtig zu machen, wird dies vom Men-

Probleme in der Mensch-Pferd-Beziehung begründen sich oft im nicht pferdegerechten Umgang.

Erfahrungsbericht von Mark Rashid zur Zügeleinwirkung

gekürzt [138]

M.R. saß seit einer Dreiviertelstunde im Sattel einer jungen Stute und hatte sich nun vorgenommen, ihr das Rückwärtsgehen beizubringen. Er parierte sie zum Halten durch, was sie willig tat. Dann machte er, was man immer macht, wenn man ein Pferd rückwärts richten will: Er zog an den Zügeln. Erst leicht, aber sie ging nicht zurück. Dann immer stärker, aber nichts half. Schließlich hängte er sich mit seinem gesamten Körpergewicht ins Gebiss, doch die Stute hielt dagegen und trat nicht zurück.

Als er schon auf die sture Stute schimpfend aufgeben wollte, kam sein Lehrer und nahm vom Boden aus neben der Stute stehend die Zügel vorsichtig auf. Er verkürzte die Zügel, bis sie nicht mehr durchhingen, und gab sie wieder etwas hin. Nach ein paar Sekunden nahm er die Zügel wieder allmählich an. Nachdem er so einen leichten Druck auf das Gebiss aufgebaut hatte, gab er wieder nach. Das machte er noch dreimal und beim vierten Mal spürte M.R., wie die Stute ihr Gewicht nach hinten verlagerte. Der Lehrer gab noch einmal nach und nahm die Zügel wieder an, und da kippte der Kopf der Stute ab und sie glitt still und widerstandslos zurück. Sobald der Lehrer die Hände entspannte, hielt die Stute an. Er ließ die Zügel los und streichelte die Stute sanft am Hals. Nach ein paar Minuten nahm er die Zügel wieder auf, übte leichten Druck aus und die Stute ging wieder rückwärts, diesmal schneller und fließender.

Abschließend sagte der Lehrer noch zu M.R., er solle einfach nicht so ziehen und daran denken, dass er die Stute nicht mit dem Gebiss rückwärts richtet. Das Gebiss wäre nur dazu da, dass sie spürt, was sie soll. Da M.R. nicht verstanden hatte, was damit gemeint war, demonstrierte ihm dies sein Lehrer in der Sattelkammer an einem Zaumzeug mit Wassertrense. Er forderte M.R. auf, das Gebiss in die Hand zu nehmen und das Zaumzeug über die Schulter zu hängen. Die Zügel behielt der Lehrer in der Hand. Dann sollte M.R. die Augen schließen und sagen, wenn er den ersten Zug am Zügel spürt. M.R. spürte nach ein paar Sekunden, wie sich das Gebiss leicht bewegte. Dann fühlte er, wie das Gebiss wieder locker wurde. Danach wurde er aufgefordert, einen Schritt in Richtung Druck zu machen, sobald er etwas spürt. M.R. spürte einen ganz leichten Zug am Gebiss – fast unmerklich, aber doch vorhanden – und er machte wie verlangt einen Schritt nach vorne. Bei der darauf folgenden Wiederholung bewegte sich das Gebiss noch weniger, um eine Reaktion bei M.R. auszulösen. Damit hatte der Lehrer M.R. demonstriert, dass er ihn nicht mit dem Gebiss zu sich gezogen hatte, dass sich M.R. nicht gegen einen Druck hatte wehren müssen und dass es leicht war, der Aufforderung zu folgen.

Am nächsten Tag wollte M.R. das Gelernte an der Stute ausprobieren. Obwohl er die Zügel nur ganz leicht annahm, hatte er nicht den Eindruck, dass die Stute reagierte und wollte den Druck schon verstärken. Da fiel ihm ein, dass er die Demonstration mit dem Lehrer mit geschlossenen Augen machen musste. Deshalb schloss er nun auch auf dem Pferd die Augen und nahm die Zügel langsam an. Und schon spürte er Dinge über die Zügel, die er vorher nicht wahrgenommen hatte: hier ein winziger Widerstand, dort ein leichtes Nachgeben. Er ließ den Druck nach, nahm dann die Zügel wieder auf und während er noch damit beschäftigt war, die verschiedenen Bewegungen, die er über die Zügel spürte, einzuordnen, verlagerte die Stute ihr Gewicht ganz leicht nach hinten. Wenn die Augen nicht geschlossen gewesen wären, hätte er diese Bewegung wahrscheinlich gar nicht wahrgenommen. So konnte er aber auf die gewünschte Reaktion der Stute sofort den Druck nachlassen und sie loben. Er wiederholte das Vorgehen von leichtem Druck, Warten auf eine Reaktion und sofortigem Nachgeben, wenn die Stute ihr Gewicht nach hinten verlagerte, und beim dritten Mal ging die Stute fast ohne Druck auf das Gebiss mehrere Schritte zurück.

Schweifschlagen ist ein deutliches Zeichen für Verspannung und Unmut.

schen oft nicht gewürdigt, weil er in der Erwartung des großen Ziels das Wichtigste übersieht: die ersten Versuche des Pferdes zu verstehen, was man von ihm will. Wenn der Mensch nicht lernt, kleinste Zeichen des Verstehens, wie zum Beispiel leichtes Nachgeben im Unterkiefer oder auch nur Zucken einer Gliedmaße zu belohnen, endet jede Ausbildung nur in beidseitiger Frustration und Vertrauensverlust [138].

Weil Pferde große und kräftige Tiere sind, wird wohl allzu oft vergessen, dass sie eine höchst sensible Wahrnehmung haben und auf leichtesten Druck über Gebiss oder Schenkel reagieren. Der Mensch muss „nur" lernen, diese feinsten Reaktionen zu registrieren. Da allgemein bekannt ist, dass der Sehsinn die übrigen Sinne des Menschen in den Hintergrund drängt, erlebt man diese anderen Gefühlsqualitäten erst richtig, wenn man zum Beispiel im Sattel des stehenden Pferdes die Augen schließt und die Zügel ganz leicht annimmt (siehe Kasten). Aus Sicherheitsgründen sollten solche Übungen nur in umgrenzten Bereichen oder zusammen mit einer Person am Boden durchgeführt werden. Doch zur Schulung der eigenen Sensibilität ist es auf jeden Fall wert, es einmal auszuprobieren.

Aggressionen bei Pferden – Ursachen und Vermeidung

Physische Beschwerden (Schmerzen) können unerwünschte Reaktionen auf den Menschen hervorrufen und manchmal auch zu Aggressionen führen. Aber auch psychische Beeinträchtigungen wie zum Beispiel soziale Deprivation (Einzelhaltung ohne Artgenossen) im jungen Alter können die Pferd-Mensch-Beziehung negativ beeinflussen: Die Pferde können zwar mehr Kontakt zum Menschen suchen, doch dies ist oft – insbesondere bei Hengstfohlen – mit unerwünschtem Verhalten wie Schlagen und Beißen verbunden [53]. Dieses Verhalten geht aus dem artgemäßen Spielverhalten hervor. Doch weil der Mensch hierfür kein adäquater Partner ist, muss er derartige Annäherungen sofort abweisen. Diese Zurückweisung wird vom Pferd aber eher als Herausforderung zu noch forscherem Vorgehen verstanden und es kommt zu weiterem „Kräftemessen", bis die Situation schließlich in Richtung echter Aggression eskaliert.

Pferde, die gegenüber Menschen aggressiv reagieren, haben möglicherweise gelernt, sich so zu verhalten. Beispielsweise kann die Lebensgeschichte eines solchen Individuums ergeben, dass es unter nicht pferdegerechten Bedingungen mit einem unerfahrenem Halter gelebt hat, der subtile Signale vor einem Angriff nicht erkannt und unterbunden hat.

Aber auch aufgrund von Situationen, in denen für das Pferd frustrierende Ereignisse provoziert werden, muss mit aggressivem Verhalten gerechnet werden. In diesem Zusammenhang ist insbesondere die Futtergabe zu nennen, die verschiedentlich unbedacht zu aggressiven Reaktionen führen kann, wie beispielsweise Futtervorlage außerhalb der Reichweite des Pferdes, Futtergabe nur an ein Tier aus einer Gruppe oder nicht entsprechend der Rangfolge. Da die Futteraufnahme bei Pferden nahezu stets und darüber hinaus auch stark motiviert ist, gilt es in diesem Zusammenhang unbedachte Aktionen zu vermeiden.

Manche Pferde, die gelegentlich und ohne Bezug zu einer vorausgegangenen Leistung Leckerbissen erhalten, beginnen, beim Menschen nach Futter zu suchen. Wenn sie dann keinen

Wird bei der Futtergabe in der Gruppe die Rangordnung missachtet, kommt es zu Aggressionen.

Wer eine derart ausgeprägte Drohmimik missachtet, setzt sich der Gefahr eines Angriffs aus.

Leckerbissen mehr bekommen, kann das Futtersuchverhalten intensiver werden und die Pferde können den Menschen schließlich auch aggressiv bedrängen und beißen. Derart veranlagte Pferde sollten Leckerbissen ausschließlich als Belohnung für eine konkrete Leistung erhalten, oder es müssen insgesamt andere Arten der Belohnung eingesetzt werden.

Da der Mensch bei einem Kräftemessen mit dem Pferd in der Regel den Kürzeren ziehen wird, darf man es möglichst nie zu einem Angriff kommen lassen, den das Pferd als ein Erfolgserlebnis verbuchen kann. Sonst erlernt das Pferd die offene Aggression zwangsläufig als effektive Methode, um zu erreichen, was gewünscht wird oder um den Menschen von sich abzuhalten. Auch dieses Beispiel zeigt, wie wesentlich es für jede Arbeit mit Pferden ist, sich der Prinzipien des Lernens bewusst zu sein. Nur damit wird klar, was aktuell kommuniziert wird [118], und sie zeigen den Weg vor, wie die Mensch-Pferd-Beziehung für beide Seiten positiv gestaltet werden kann.

Zwangsmaßnahmen

Zwangsmaßnahmen jeder Art dürfen nur dann zum Einsatz kommen, wenn eine Behandlung anders nicht durchzuführen ist und andere, weniger belastende Maßnahmen wirkungslos sind. Jeder prophylaktische Einsatz von Zwangsmitteln, insbesondere aber bei Haltungs- und Pflegemaßnahmen (zum Beispiel beim Putzen, Deckakt, bei Hufpflege oder Verladen), die in der Regel auch mittels Gewöhnung oder behutsamem Training erreicht werden können, ist tierschutzrelevant und nicht vertretbar [68].

Beim Einsatz von Zwangsmitteln ist zu beachten, dass nicht jede Zwangsmaßnahme bei jedem Pferd und in jeder Situation geeignet ist. Zwangsmaßnahmen dürfen nicht zu Verletzungen und nicht zu panikartigen Ausbrüchen führen. In jedem Fall muss gewährleistet sein, dass das Zwangsmittel zu jeder Zeit rasch und kontrolliert entfernt werden kann [12].

Wird der Einsatz von Zwangsmaßnahmen als unerlässlich bewertet, ist zu prüfen, mit welcher Maßnahme das Ziel mit der geringsten Belastung und Gefährdung für Mensch und Tier zu erreichen ist. Dies setzt voraus, dass die Wirkungsweise der infrage kommenden Zwangsmaßnahmen bekannt ist.

Nur die korrekt eingesetzte Oberlippenbremse ist ein vertretbares Mittel zur Ruhigstellung von Pferden. Hier ist das Seil zu dünn.

Eine festgestellte Metallbremse ist nicht tierschutzgerecht.

Die einfachste Art der Zwangsmaßnahme ist das Anbinden am Führstrick mit Halfter oder Kappzaum. Doch nicht bei jeder Maßnahme – insbesondere wenn mit Abwehrreaktionen gerechnet werden muss – ist diese Art der Fixierung geeignet, da Pferde durch das Angebundensein zunehmend in Panik geraten, sich in den Strick hängen und sich losreißen können. Ein derartiger Vorfall birgt nicht nur ein hohes Verletzungsrisiko für Mensch und Tier, sondern auch die Gefahr, dass Pferde lernen, sich künftig auch weniger belastenden Maßnahmen durch Losreißen zu entziehen.

Die Anwendung der Oberlippenbremse („Nasenbremse") stellt ein verbreitetes Verfahren dar, um Pferde für diverse Maßnahmen kurzfristig zu fixieren. Weniger bekannt dürfte sein, dass damit ein nicht unerhebliches Stressgeschehen für die Pferde verbunden ist, denn es konnte in diesbezüglichen Untersuchungen ein Anstieg von Adrenalin und dem Hämatokrit festgestellt werden. Da die Wirkung der Oberlippenbremse aber maßgeblich von der Freisetzung von körpereigenen Opioiden (Endorphinen) beeinflusst wird, tolerieren Pferde sie offensichtlich relativ gut. Zudem beruht die Wirkung dieser Zwangsmaßnahme wahrscheinlich auf einer Ablenkung vom eigentlichen Geschehen. Es ist jedenfalls wissenschaftlich erwiesen, dass Pferde unter Anwendung der Oberlippenbremse ein vermindertes Schmerzempfinden haben.

Da auch das Massieren der an der Oberlippe befindlichen Akupunkturpunkte eine beruhigende Wirkung auf Pferde hat, geht man davon aus, dass auch dieser Wirkmechanismus eine Rolle spielen könnte. Bei der korrekten Anwendung der Oberlippenbremse (siehe Kasten) handelt es sich deshalb um eine brauchbare, schnell wirkende Fixationsmaßnahme für Pferde, die einen analgetischen und sedierenden Effekt ausübt und zum Einsatz

Bei nicht schmerzhaften Eingriffen kann auch die Fingermassage der Oberlippe zur Ruhigstellung ausreichend sein.

Erkennbar ist die Wirkung der Fingermassage am Absenken des Kopfes, dem leichten Lidschluss sowie den nach hinten oder zur Seite gerichteten Ohren.

bei kurzen und wenig schmerzhaften Eingriffen geeignet ist [147].
Insbesondere bei gering schmerzhaften oder nur mäßig angsteinflößenden Eingriffen kann auch allein die Massage der äußeren Oberlippe mit den Fingern bereits für eine beruhigende Wirkung ausreichend sein – ohne dabei Stress auszulösen. Die Wirkung ist am Senken des Kopfes und den halbgeschlossenen Augenlidern gut erkennbar.

Die Wirkung der Nasenbremse setzt nach 12 bis 80 Sekunden ein. Das Einsetzen der Wirkung ist am Senken des Kopfes erkennbar. Die Anwendung ist zeitlich auf das notwendige Minimum zu begrenzen und sollte zehn Minuten nicht überschreiten.

Nicht geeignet ist der Einsatz der Oberlippenbremse, um Pferde zum Beispiel in einen Hänger oder eine Startbox zu führen! Zu beachten ist auch, dass bei Pferden, die vor der Anwendung bereits stark erregt sind, diese Zwangsmaßnahme in der Regel wirkungslos ist oder zu noch heftigeren Abwehrreaktionen führen kann. Auch bei Fohlen und Jungtieren wurden paradoxe Reaktionen beobachtet.

Als nicht tierschutzgerecht gelten nach derzeitigem Kenntnisstand:

- Bremsen mit zu dünnen Stricken (zum Beispiel Heuschnüre) oder mit Metallketten
- Zangenbremsen (Nussknackerprinzip)
- Alle Bremsen, die am Halfter fixiert werden

Korrekte Anwendung der Oberlippenstrickbremse („Nasenbremse"):

Die Strickschlaufe wird über die Hand gezogen, mit der die Oberlippe fixiert wird. Dann zieht man die Strickschlaufe mit der anderen Hand über die Oberlippe und verdreht den Holzstab so weit, bis der Strick stramm über der Oberlippe liegt. Dabei ist darauf zu achten, dass der Strick nur auf äußerer Haut liegt, keine Faltenbildung entsteht und die Nüstern nicht eingeengt werden! Der Holzstab der Bremse muss stets von einer Person gehalten werden und darf nicht in das Halfter gesteckt oder anderweitig fixiert werden, damit die Bremse gegebenenfalls schnellstmöglich entfernt werden kann. Die Bremse darf auch nicht über den gesamten Anwendungszeitraum gleich stramm angezogen sein, sondern muss abwechselnd geringfügig gelockert und wieder angedreht werden. Dadurch soll der Blutfluss in der Oberlippe gewährleistet bleiben und bei manchen Pferden kann dadurch auch die sedative Wirkung verstärkt werden.

- Sogenannte polnische Bremse und ähnliche Systeme: Strick wird durch das Maul und über das Genick gezogen
- Jeder Bremseneinsatz an anderen Körperteilen als der Oberlippe (zum Beispiel Ohr oder Zunge) [68]. Jeder nicht korrekte Bremseneinsatz führt außerdem dazu, dass Pferde kopfscheu gemacht werden.

Eine weitere Möglichkeit, Pferde vor allem für Hufbehandlungsmaßnahmen zu fixieren, besteht in der einfachsten Form darin, eine Gliedmaße hochzuheben. Des Weiteren ist auch das Schweiffesselband ein gängiges Verfahren zur Bewegungseinschränkung der aufgehobenen Hinterhand. Dabei wird ein Strick mit dem Schweif verknotet und durch zwei Ringe an einem Band um die Fessel geführt [12]. In einfacheren Fällen kann man auch den Schweif nur einmal um die aufgehobene Hintergliedmaße schlingen und festhalten.

Unfallursachen und Unfallvermeidung

Aus einer Unfallstatistik der Bundesanstalt für Arbeitsschutz und Arbeitsmedizin aus dem Jahr 2000 ist zu entnehmen, dass in Deutschland jährlich 93 000 Menschen im Zusammenhang mit Pferden verunglücken [98]. Wird diese Zahl über Männer und Frauen gemittelt, nimmt das Reiten nur einen mittleren Platz in der Liste der gefährlichsten Sportarten ein. Da aber wesentlich mehr Frauen als Männer reiten, ist das Reiten bei Frauen die Sportart mit den meisten Unfallopfern [6].

Die meisten Unfälle im Pferdesport geschehen im Zusammenhang mit Stürzen vom Pferd [98], häufig verursacht durch vorausgehendes Scheuen des Pferdes. Fatal sind solche Vorfälle, wenn der Reiter dabei auf harte Gegenstände aufschlägt, sich im Steigbügel verfängt und mitgeschleift wird oder wenn auch das Pferd stürzt und den Reiter überrollt [6].

Aber auch Unfälle in der Pferdehaltung gehen nicht immer glimpflich aus. Dabei haben sich das Beschlagen, aber auch das Putzen und Füttern als besonders unfallträchtig hervorgetan [2] [148]. Der Sozialversicherung für Landwirtschaft, Forsten und Gartenbau werden jährlich weit über 2 000 Unfälle mit Pferden gemeldet, wovon sich der größte Teil im Umgang mit dem Tier und nicht im Zusammenhang mit dem Reiten ereignet. Als Ursache für die Unfälle mit Pferden wird häufig „unvorhersehbares Pferdeverhalten" genannt [7]. Und obwohl neuere Schutzmechanismen die Verletzungen von Menschen durch Pferde verringert haben, hat sich die Unfallhäufigkeit nicht verringert [54]. All dies zeigt deutlich, dass Kenntnisse über pferdetypische Verhaltensweisen eine wichtige Voraussetzung zur Unfallverhütung sind [154].

Probleme mit Pferden können sowohl bei kurzen gelegentlichen Auseinandersetzungen – zum Beispiel von Tierärzten, Hufschmieden – als auch bei langanhaltenden Bindungen – zum Beispiel zwischen Besitzer, Halter oder Pfleger und Pferd – auftreten.

Viele Unfälle passieren beim unachtsamen Loslassen der Pferde auf der Weide.

In einer Übersicht aus Angaben von 995 Tierärzten aus Amerika wird angegeben, dass Pferde für 15 Prozent der Unfälle verantwortlich sind, nach Rindern (46 Prozent) und Hunden (24 Prozent). Einem Bericht von 216 Tierärzten aus der Schweiz ist zu entnehmen, dass 75 Prozent von ihnen mindestens einmal im Jahr von einem Pferd geschlagen werden. Interessant ist in diesem Zusammenhang, dass Praktiker, die kein eigenes Pferd besitzen, weniger oft geschlagen werden als Kollegen mit eigenem Pferd. Offenbar sind das Ausmaß und die Häufigkeit, mit welchen Tierärzte sich mit Pferden auseinandersetzen, hinsichtlich der Verletzungshäufigkeit bedeutender als die Erfahrung. Entsprechendes gilt auch für Personen mit länger andauerndem Kontakt zum Pferd: Nicht im Zusammenhang mit dem Reiten vorkommende Unfälle – insbesondere durch Schläge – kommen häufiger bei berufsmäßigen Reitern vor als bei Laien. Dies liegt sicher auch daran, dass mit zunehmender Routine die Achtsamkeit nachlässt und ansonsten übliche Vorsichtsmaßnahmen vernachlässigt werden. Die meisten Unfälle, in die professionelle Personen involviert waren, geschahen dabei neben dem Pferd – unter anderem beim Putzen, Stallmisten oder Zuchtmanagement.

Die Ergebnisse unterstreichen einerseits die Erfordernis nach einem besseren Kenntnisstand im Umgang mit Pferden und andererseits die Notwendigkeit, dass das Verhalten der Pferde ständig aufmerksam beobachtet werden muss. In diesem Zusammenhang gibt es nur geringe Unterschiede, ob sich eine Person nur kurz mit einem unbekannten Pferd beschäftigen muss, oder ob es um den täglichen Umgang mit einem oder mehreren Pferden geht. Im ersten Fall helfen ständige Aufmerksamkeit, sicheres Auftreten und gute Beobachtung dabei, sich richtig zu positionieren und zu handeln. Im zweiten Fall ist zusätzlich zu beachten, dass jede Aktion einen Einfluss auf die folgende haben wird und alle Möglichkeiten genutzt werden sollten, um positive Bindungen aufzubauen und zu erhalten [53].

Elemente, die bei der Interaktion mit Pferden relevant sind:

- **Position**, das heißt der Winkel und der Abstand von einem Organismus zum anderen: Obwohl höchstwahrscheinlich ist, dass eine ungeeignete Positionierung für manchen der aufgezählten Unfälle verantwortlich ist, gibt es zu diesem Merkmal bei Pferden bisher keine wissenschaftliche Veröffentlichung. Es ist bisher nur bekannt, dass Pferde neben einer motorischen auch eine sensorische Lateralität zeigen. Das lässt annehmen, dass die Seite des Herangehens einen Einfluss auf die Reaktion haben kann.
- **Blick**: In einer Untersuchung wurde kein Einfluss der Blickrichtung des Menschen auf die Reaktion der Pferde gefunden. Es war kein Unterschied feststellbar, ob sich eine Person mit oder ohne Blickkontakt dem Pferd näherte. Weitere Untersuchungen wären aber von Vorteil.
- **Emotionale Zeichen**, wie Stimme, Haltung, Ausdruck und Pheromone: Die einzige Untersuchung in diesem Zusammenhang zeigte, dass Personen, die mit negativen Gefühlen in Bezug auf Tiere Pferde streicheln, für ein paar Minuten einen Anstieg der Herzfrequenz hervorrufen, was bei „neutralen" oder „positiv" gestimmten Personen nicht der Fall ist.
- **Geschlecht**: Es gibt keine Hinweise, dass das Geschlecht des Menschen irgendeinen Einfluss auf das Verhalten der Pferde hat.
- **Art des Umgangs**: Zwang in seinen verschiedenen Ausführungen wird häufig genutzt, um Flucht oder Aggression zu vermeiden, doch das (unbedachte!) Anbringen der Nasenbremse hat sich als eine der bedeutenden Ursachen für Unfälle von Pferdetierärzten erwiesen.
- **Erfahrungen**: Es ist wichtig zu wissen, dass durch einzelne Erfahrungen die Beziehung zwischen Mensch und Pferd moduliert wird. Die Reaktionen der Pferde auf Einwirkungen des Menschen sind insgesamt das Ergebnis des Zusammenspiels zwischen ihrem eigenen

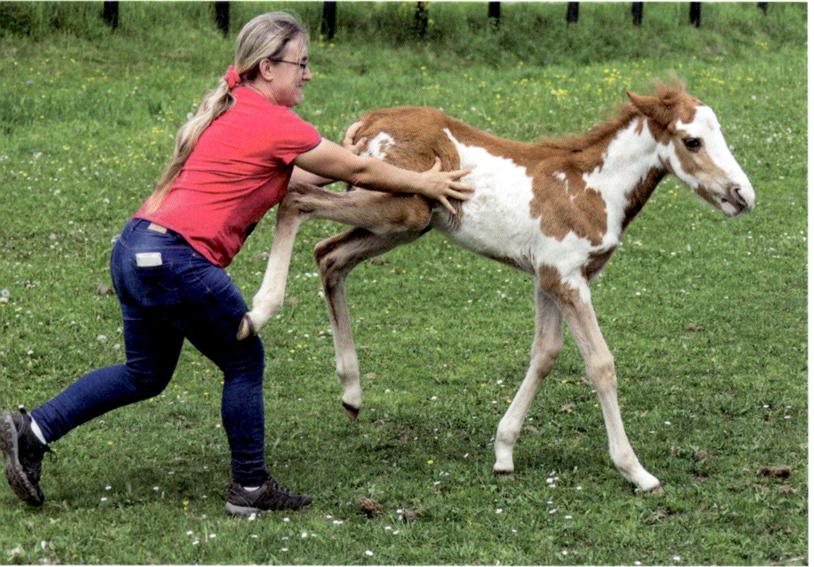

Auch Fohlen können dem Menschen durch Ausschlagen schwerste Verletzungen zufügen.

Vorsichtsmaßnahmen beim Umgang mit Pferden

- Pferd vor dem Herantreten ansprechen, um Erschrecken zu vermeiden
- Beim Herausführen aus Box oder Stall Türen genügend weit öffnen und fixieren
- Stricke oder Zügel beim Führen nie um die Hand wickeln
- Beim Anbinden des Pferdes Schleife machen, die mit einem Ruck zu lösen ist
- Niemals Pferde an beweglichen Gegenständen anbinden!
- Niemals Pferde an Trense oder Kandare anbinden!
- Beim Pflegen, Behandeln oder Beschlagen festes Schuhwerk tragen
- Beim Putzen nie direkt hinter dem Pferd stehen
- Ausrüstung (Sattel, Halfter, Zügel und Vergleichbares) auf Materialmängel oder Schäden überprüfen
- Vorsicht beim Füttern von in Gruppen freilaufenden Pferden: Futterneidreaktionen!
- Vorsicht beim Betreten von Boxen mit Stuten und jungen Saugfohlen: Verteidigungsangriff!
- Vorsicht an Tagen mit starker Insektentätigkeit: Ausschlagen, Kopfschlagen, Abstreifen an Bäumen!
- Vorsicht beim Loslassen von Pferden auf die Weide: Ausschlagen!
- Vorsicht bei Hengsten: Aufreitgefahr!

Temperament, dem Temperament und den Fähigkeiten des Menschen und den Erfahrungen mit dem Menschen [53]. Vertraut das Pferd dem Menschen, nimmt es auch (leicht) schmerzhafte Eingriffe nahezu reaktionslos in Kauf. Ist dagegen das Vertrauen nicht oder nicht mehr vorhanden, muss man bei denselben Eingriffen mit heftigsten Abwehrreaktionen rechnen.

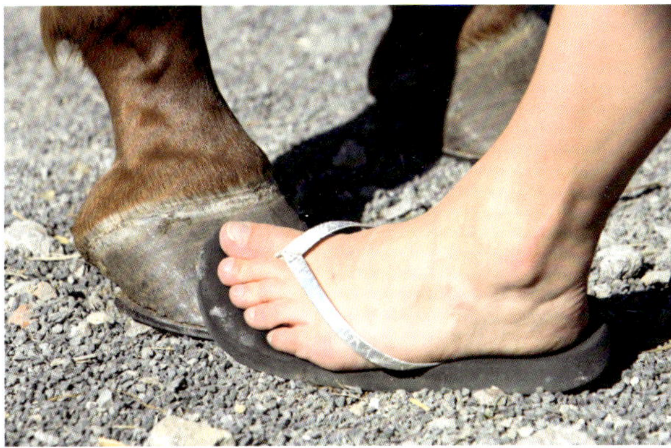

Wer sich ohne festes Schuhwerk in der Nähe von Pferden aufhält, riskiert schwerste Verletzungen.

Fachkundiges Personal ist eine bedeutende Größe bei der Unfallvermeidung. Als weitere Faktoren sind zu nennen:

- Beachtung der Bedürfnisse von Pferden (Sozialkontakt, Bewegung etc.)
- Gewöhnung an möglichst viele Umweltbedingungen
- Vermeidung von Stress
- Ruhiger und qualifizierter Umgang bei der Nutzung

Nicht zuletzt haben die Haltungsbedingungen ebenfalls einen entscheidenden Einfluss auf das Verhalten und damit die Umgänglichkeit der Pferde. So haben Pferdehalter in einer Erhebung in Gruppenauslaufhaltungen überwiegend das Merkmal Ausgeglichenheit der Pferde als positive Veränderung gegenüber der Einzelhaltung angegeben [129].

Gefahrenquellen für Pferde

Sei es im Stall, auf der Weide, beim Umgang oder bei der Nutzung, immer wieder kommt es zu teilweise auch schwerwiegenden Verletzungen von Pferden, die oftmals vermeidbar gewesen wären. Vermeidbar deshalb, weil sie aufgrund des Normalverhaltens von Pferden absehbar waren.

Pferde sind erkundungsfreudige Tiere und in der Regel haben sie auch mehr als genügend Zeit, um ihre erreichbare Umgebung mit Zähnen, Hufen oder ihrem Körpergewicht zu bearbeiten. Gefährlich wird es dann, wenn zum Beispiel Strom- oder Wasserleitungen für Pferde erreichbar verlegt sind. Sogar Stromleitungen unter Putz können von Pferden beschädigt werden, wenn sie sich im Schlagbereich befinden. Auch Glasscheiben sollten im Pferdestall nicht unter circa 2 Meter Höhe angebracht sein, da Pferde diese nicht nur einschlagen, sondern auch eindrücken können. Der lichte Abstand zur Decke von Pferdeställen ist insbesondere in vielen ehemaligen Kuh- oder Schweineställen zu gering für Großpferde, sodass sich diese beim ruckartigen Aufrichten oder Hochgehen mit der Vorhand den Kopf anstoßen können. Als Faustregel für die Stallhöhe gilt deshalb ein Maß von mindestens der 1,5-fachen Widerristhöhe des größten gehaltenen Pferdes, das heißt 260 bis 280 Zentimeter.

Weitere Gefahrenquellen für Pferde sind in Boxenabtrennungen, Durchfressgittern oder auch Futterraufen zu finden. Pferde können zum Beispiel in der Absicht Futter zu erreichen, den keilförmigen Kopf durch relativ schmale Spalten fädeln. Erschreckt sich das Pferd dann allerdings, wird es den Kopf ruckartig zurückziehen. Bleibt es dabei hängen, was aufgrund der Kopfform leicht möglich ist, versucht es panikartig, den Kopf mit Gewalt aus der misslichen Lage zu befreien. Dies kann zu schwersten Verletzungen führen, ohne dass der Mensch die Möglichkeit hätte, schadenvermindernd einzugreifen. Alle Spalten und Öffnungen müssen deshalb entweder so schmal sein, dass das kleinste Pferd Kopf oder Gliedmaßen

Derart offene Durchfressgitter haben sich durch die Möglichkeit des Einfädelns schon mehrfach als tödliche Fallen für Pferde erwiesen.

nicht durchstecken kann, oder so weit, dass das größte Pferd Kopf oder Gliedmaßen leicht zurückziehen kann.

Können Pferde durch Gitter den Kopf durchstrecken, darf es in keinem Fall möglich sein, dass sie sich einfädeln, das heißt den Kopf am nächsten Durchlass wieder zurückführen. Dabei hat sich schon manches Pferd das Genick gebrochen. Wichtig ist auch darauf zu achten, dass der Bodenabstand von Trennvorrichtungen so gering ist, dass Pferde beim Liegen die Gliedmaßen nicht darunter durchstecken können (Brechstangenwirkung!), das heißt maximal 5 Zentimeter bei ausgewachsenen Pferden und maximal 2 Zentimeter bei Fohlen.

Bei Trennvorrichtungen ist weiter darauf zu achten, dass sie stabil genug und splitterfest sind. Bei Hartholztrennwänden aus Eiche oder Lärche geht man derzeit bei einer Wandstärke ab 4 Zentimeter davon aus, dass sie dem Schlag eines Pferdes standhalten können.

Auch die Gestaltung von Türen, durch die ein Pferd geführt werden soll, kann Gefahrenquellen in sich bergen. Wird die minimale lichte Türbreite von 120 Zentimeter und Höhe von 220 Zentimeter unterschritten, kann sich das Pferd verletzen, wenn es an den Seitenpfosten hängenbleibt oder den Kopf anstößt. Außerdem ist auch die Anschlagseite der Türen von Bedeutung für das unbeschadete Führen von Pferden: Da Pferde in der Regel links geführt werden, sollten auch die Boxentüren links angeschlagen sein, um ein Einklemmen des Pferdes beim Hineinführen zu vermeiden. Handelt es sich um Schiebetüren, müssen diese gegen Herausheben und Herausfallen gesichert sein. Verletzungsträchtig sind außerdem hervorstehende und in der Regel scharfkantige Klappschlussvorrichtungen an den Türen. Durchgänge, die Pferde alleine begehen, sollten entweder so schmal sein, dass nur ein Pferd durchgehen kann (80 bis 90 cm) oder bei der Haltung von mehr als einem Pferd so breit, dass zwei Pferde problemlos aneinander vorbei kommen (mindestens 180 cm).

Alle Wege, auf denen Pferde sich geführt oder frei fortbewegen, müssen trittsicher und rutschfest sein. Insbesondere beschlagene Pferde rutschen auf glatten Betonböden leicht aus. Aber auch Kunststoffmatten oder Holzböden können insbesondere im feuchten oder nassen Zustand sehr glatt werden und zu Verletzungen durch Ausgleiten oder Stürzen führen. Müssen sich Pferde über Abdeckungen aus Holz, Metall oder anderen Materialien fortbewegen, ist sicherzustellen, dass diese das Gewicht der Pferde tragen.

Verhängen sich Pferde in Drahtgeflechten, geraten sie unweigerlich in Panik und versuchen sich mit Gewalt loszureißen.

Im gesamten Aufenthaltsbereich der Pferde dürfen sich keine Sackgassen befinden, in denen

Wenn Pferde bei einem Ausritt unterwegs angebunden werden sollen, ist die geeignete Ausrüstung (Halfter, Strick) mitzuführen.

rangniedere Tiere den ranghöheren nicht ausweichen und deshalb durch diese erheblich verletzt werden können. Der gesamte Aufenthaltsbereich von Pferden sollte auch regelmäßig auf vorstehende Nägel, scharfe Kanten und sonstige Verletzungsmöglichkeiten überprüft werden. Eine Selbstverständlichkeit sollte es sein, dass keine Werkzeuge wie Heu- oder Mistgabeln sowie andere scharfkantige oder spitze Gegenstände im Aufenthaltsbereich der Pferde zurückgelassen werden.

Alle Begrenzungen von Laufflächen und Weiden müssen aus der Entfernung gut sichtbar sein, damit die Pferde im Trab und insbesondere im Galopp rechtzeitig ausweichen oder anhalten können. Wird dies nicht berücksichtigt, kann es neben den Verletzungen beim Durchbrechen von Zäunen zu gefahrenträchtigen Situationen der freilaufenden Pferde im Straßenverkehr kommen. Weitere Ursachen für gefahrenträchtige Ausbrüche aus Weiden können auch auf folgenden Fakten beruhen: Futtermangel, Insektenplage, hetzende Hunde auf der Weide, aber auch Vereinzelung von Pferden oder Trennung von Pferden mit starken sozialen Bindungen wie zum Beispiel Stuten und Fohlen, Hengste und Stuten oder Pferde, die einfach gute Freunde sind.

Die Tierschutzwidrigkeit der Verwendung von Stacheldraht als Einzäunungsmaterial für Pferdeweiden ist in einem entsprechenden Streitfall vom Oberverwaltungsgericht Thüringen bestätigt worden (3 KO 700/99). Das Verbot der Verwendung von Stacheldrahtzaun für Pferdeweiden wurde konkret damit begründet, dass davon eine ständige Verletzungsgefahr und erhebliche Gefahren für die Gesundheit ausgingen, insbesondere weil Pferde leicht in Panik geraten können. Entsprechendes gilt auch für die Verwendung von Knotengitterzäunen.

Bei der Einrichtung von Weidezäunen und sonstigen Abtrennungen ist darauf zu achten, dass die Bänder, Litzen, Drähte und entsprechende Materialien immer straff gespannt sind und – soweit möglich – Sollbruchstellen aufweisen. Diese Vorgabe muss deshalb sorgsam beachtet werden, da sich Pferde beim Wälzen in Zaunnähe möglichst nicht mit den Gliedmaßen im Zaun verheddern sollen und wenn es dennoch passiert ist, es zumindest nicht zu schwerwiegenden Strangulationen oder Gewebsdurchtrennungen kommt. In diesem Zusammenhang ist auch darauf hinzuweisen, dass Kleinausläufe mit einem Untergrund, der zum Wälzen anregt (Sand, Hackschnitzel), so groß sein müssen, dass gefahrloses Wälzen überhaupt möglich ist (mindestens doppelte Boxengröße, das heißt 22 bis 24 qm bei einem Großpferd).

Beim Einsatz von Stroh- oder Heuballen ist darauf zu achten, dass die Bindeschnüre umgehend aus dem Aufenthaltsbereich der Pferde entfernt werden. Es ist zwar weniger damit zu rechnen, dass Pferde die Schnüre fressen, doch es wurde schon beobachtet, dass Pferde auf noch gebundene Ballen steigen und mit den Eisen in den Bindeschnüren hängen bleiben. Außerdem können sich lose Bindeschnüre um Gliedmaßen wickeln und diese strangulieren.

Insbesondere beim Anbinden von Pferden kommt es häufig zu gefahrenträchtigen Situationen, die vermieden werden könnten. So dürfen Pferde nur mit einem schnell zu lösenden Knoten angebunden werden, der bei Panikreaktionen leicht zu lösen ist. Die Anbindung sollte auch nicht zu lang sein, damit sich die Pferde den Anbindestrick nicht um Hals oder Gliedmaßen wickeln können. Pferde dürfen auch nur an fest fixierten und ausreichend stabilen Vorrichtungen angebunden werden, die einem Dagegenstemmen des Pferdes standhalten. Auf keinen Fall darf man Pferde an beweglichen oder so leichten Gegenständen festmachen, die sie wegziehen können. Eine erhebliche Verletzungsgefahr besteht auch dann, wenn Reiter aufgezäumte Pferde an den Zügeln oder Leinen festbinden, da Fluchtreaktionen je nach Zäumung zu verheerenden Auswirkungen auf Maul und Kieferknochen der Tiere führen können [128].

Da kleinere Verletzungen auch bei größter Sorgfalt nie ganz auszuschließen sind, ist es von großer Bedeutung, dass alle Pferde immer über einen ausreichenden Impfschutz gegen Tetanus verfügen.

Das Pferd im Tierschutzrecht

Die Ge- und Verbote aus dem Tierschutzrecht sollten jedem bekannt sein, der mit Pferden umgeht.

Tierschutzgesetz

Grundlage aller rechtlichen Vorschriften zum Umgang mit Pferden stehen im Tierschutzgesetz in der geltenden Fassung (TSchG). Dieses Gesetz ist ethisch ausgerichtet, das heißt, dass Tiere grundsätzlich um ihrer selbst willen geschützt werden sollen (sogenannter pathozentrischer Tierschutz), bei gleichzeitigem Schutz von berechtigten Interessen des Menschen (sogenannter anthropozentrischer oder egoistischer Tierschutz). Dies bedeutet, dass die eigenen Güter der Tiere, wie Leben, körperliche Unversehrtheit, Gesundheit und Wohlbefinden zu achten und vor unberechtigter Verletzung durch den Menschen zu schützen sind. Der Gesetzgeber strebt aber nicht an, Tieren jegliche Beeinträchtigung des Wohlbefindens zu ersparen. Die gerechtfertigte Behandlung durch den Menschen ist erlaubt.

Diese Zielrichtung des Gesetzes wird im Grundsatzparagraphen vorgegeben:

§ 1 Grundsatz

Zweck des Gesetzes ist es, aus der Verantwortung des Menschen für das Tier als Mitgeschöpf dessen Leben und Wohlbefinden zu schützen. Niemand darf einem Tier ohne vernünftigen Grund Schmerzen, Leiden oder Schäden zufügen.

Der „vernünftige Grund" ist damit der zentrale Begriff im Tierschutzrecht, über den die Interessenskonflikte zwischen Mensch und Tier ausgetragen werden sollen. Er soll die (nicht feststehende) Grenze bestimmen, bis zu der die Gesellschaft aufgrund ihrer Wertvorstellungen und ihres sittlich-moralischen Empfindens bereit ist, Einschränkungen von Lebensbedürfnissen und Schutzanliegen von Tieren zu akzeptieren. Im Sinne des allgemeinen Sprachgebrauchs ist ein Handeln vernünftig, wenn der Nutzen den Schaden deutlich überwiegt. Aber nicht jeder vermeintliche oder angebliche Vorteil des Menschen stellt pauschal einen vernünftigen Grund im Sinne des Tierschutzgesetzes dar. Neben der Güterabwägung spielt bei diesbezüglichen Entscheidungsprozessen auch die Verhältnismäßigkeit von Handlungen eine wesentliche Rolle [63].

Was die Haltung von Pferden anbetrifft, gelten die allgemeinen Vorgaben aus dem Tierhaltungsparagraphen, die mit den „Leitlinien zur Beurteilung von Pferdehaltungen unter Tierschutzgesichtspunkten" des Bundesministeriums für Ernährung, Landwirtschaft und Verbraucherschutz [143] konkretisiert werden.

§ 2 Tierhaltung

Wer ein Tier hält, betreut oder zu betreuen hat,
1. muss das Tier seiner Art und seinen Bedürfnissen entsprechend angemessen ernähren, pflegen und verhaltensgerecht unterbringen,
2. darf die Möglichkeit des Tieres zu artgemäßer Bewegung nicht so einschränken, dass ihm Schmerzen oder vermeidbare Leiden oder Schäden zugefügt werden,
3. muss über die für eine angemessene Ernährung, Pflege und verhaltensgerechte Unterbringung des Tieres erforderlichen Kenntnisse und Fähigkeiten verfügen.

Des Weiteren sind im Tierschutzgesetz auch auf den Schutz von Pferden ausgerichtete oder infrage kommende Verbote aufgelistet:

Bei Einzelhaltung sollte ein jederzeit zugänglicher Paddock zu den Mindestanforderungen gehören.

§ 3 Verbote

Es ist verboten,
1. einem Tier außer in Notfällen Leistungen abzuverlangen, denen es wegen seines Zustandes offensichtlich nicht gewachsen ist oder die offensichtlich seine Kräfte übersteigen,
1a. einem Tier, an dem Eingriffe und Behandlungen vorgenommen worden sind, die einen leistungsmindernden körperlichen Zustand verdecken, Leistungen abzuverlangen, denen es wegen seines körperlichen Zustandes nicht gewachsen ist,
1b. an einem Tier im Training oder bei sportlichen Wettkämpfen oder ähnlichen Veranstaltungen Maßnahmen, die mit erheblichen Schmerzen, Leiden oder Schäden verbunden sind und die die Leistungsfähigkeit von Tieren beeinflussen können, sowie an einem Tier bei sportlichen Wettkämpfen oder ähnlichen Veranstaltungen Dopingmittel anzuwenden,
2. ein gebrechliches, krankes, abgetriebenes oder altes im Haus, Betrieb oder sonst in Obhut des Menschengehaltenes Tier, für das ein Weiterleben mit nicht behebbaren Schmerzen oder Leiden verbunden ist, zu einem anderen Zweck als zur unverzüglichen schmerzlosen Tötung zu veräußern oder zu erwerben
...
5. ein Tier auszubilden oder zu trainieren, sofern damit erhebliche Schmerzen, Leiden oder Schäden für das Tier verbunden sind,
6. ein Tier zu einer Filmaufnahme, Schaustellung, Werbung oder ähnlichen Veranstaltung heranzuziehen, sofern damit Schmerzen, Leiden oder Schäden für das Tier verbunden sind,
...
11. ein Gerät zu verwenden, das durch direkte Stromeinwirkung das artgemäße Verhalten eines Tieres, insbesondere seine Bewegung, erheblich einschränkt oder es zur Bewegung zwingt und dem Tier

dadurch nicht unerhebliche Schmerzen, Leiden oder Schäden zufügt ...
12. ein Tier als Preis oder Belohnung bei einem Wettbewerb, einer Verlosung, einem Preisausschreiben oder einer ähnlichen Veranstaltung auszuloben, wenn nicht erwartet werden kann, dass die Teilnehmer der Veranstaltung im Falle eines Gewinns als künftige Tierhalter die Einhaltung der Anforderungen des § 2 sicherstellen können,
13. ein Tier für eigene sexuelle Handlungen zu nutzen oder für sexuelle Handlungen Dritter abzurichten oder zur Verfügung zu stellen und dadurch zu artwidrigem Verhalten zu zwingen.

Eine ganze Reihe der Verbote betrifft Missstände im Zusammenhang mit dem Pferdesport. So zum Beispiel das Weiterreiten trotz deutlicher Erschöpfungszeichen, der Einsatz zu junger oder schlecht ausgebildeter oder konditionierter Pferde, Zutreiben auf zu hohe Hindernisse (Nr. 1, Überforderungsverbot), der Einsatz von neurektomierten Pferden im Leistungssport (Nr. 1a), Maßnahmen wie Barren, Rollkur oder reizende Behandlungen der Haut sowie unangemessener Einsatz von Sporen oder Gerte, scharfen Gebissen, Hilfszügeln, schädlichen Hufbeschlägen oder der Einsatz von kurzfristig leistungssteigernden oder leistungsmindernden Stoffen (Dopingmittel) (Nr. 1b, 5 und 6). Ebenso verboten sind elektrische Treibhilfen wie zum Beispiel stromführende Sporen oder Gerten (Nr. 11).

Weitere Auslegungshinweise zu § 3 des Tierschutzgesetzes, aber auch sonstige Hinweise für pferdegerechte Ausbildung, angemessenes Training und tierschonenden Einsatz im Sport finden sich in den „Leitlinien Tierschutz im Pferdesport" des Bundesministeriums für Ernährung, Landwirtschaft und Verbraucherschutz [8].

Im Zusammenhang mit Eingriffen an Tieren gilt für Pferde grundsätzlich auch die allgemeine Vorgabe, dass ohne Betäubung ein mit Schmerzen verbundener Eingriff nicht vorgenommen werden darf und die Betäubung von einem Tierarzt vorzunehmen ist (§ 5 (1) Satz 1 und 2 TSchG). Ausnahmen sind in folgenden Fällen möglich:

§ 5 (2) Eingriffe an Tieren

Eine Betäubung ist nicht erforderlich,
1. wenn bei vergleichbaren Eingriffen am Menschen eine Betäubung in der Regel unterbleibt oder der mit dem Eingriff verbundene Schmerz geringfügiger ist als die mit einer Betäubung verbundene Beeinträchtigung des Befindens des Tieres,
2. wenn die Betäubung im Einzelfall nach tierärztlichem Urteil nicht durchführbar erscheint.

Eine Betäubung ist ferner nicht erforderlich für die Kennzeichnung von Pferden durch einen implantierten elektronischen Transponder (§ 5 (3) TSchG). Bis zum Ablauf des 31. Dezember 2018 ist auch noch für die Kennzeichnung von Pferden durch Schenkelbrand keine Betäubung erforderlich (§ 21 (1a) TSchG). Hierzu ist jedoch anzumerken, dass dies konkret bedeutet, dass ab 2019 kein Schenkelbrand mehr tierschutzgerecht durchgeführt werden kann. Die Ausweichreaktion des (unbetäubten) Tieres ist notwendig, damit nicht zu tief gebrannt wird, was mit erheblicher Schädigung des Gewebes und damit verbundenen Schmerzen verbunden wäre [131].

In diesem Zusammenhang ist jedoch auch zu beachten, dass nach der Verordnung (EG) Nr. 504/2008 für alle seit dem 1. Juli 2009 in der EU geborene Equiden die elektronische Kennzeichnung mittels Implantation eines Transponders in Verbindung mit einem Equidenpass zwingend vorgeschrieben ist. Von möglichen Ausnahmeregelungen für alternative Kennzeichnungsverfahren hat Deutschland keinen Gebrauch gemacht. Den Schenkelbrand im Tierschutzgesetz als zulässiges Kennzeichnungsverfahren herauszunehmen, wäre dementsprechend die logische Konsequenz gewesen. Da dies aufgrund massiven Drucks vonseiten der Pferdezuchtverbände nicht geschehen ist, besteht nun die bizarre Situation, dass es derzeit rechtlich erlaubt ist, ohne vernünftigen Grund Pferde doppelt zu kennzeichnen, das heißt obligatorisch durch Transponder und zusätzlich fakultativ durch Schenkelbrand.

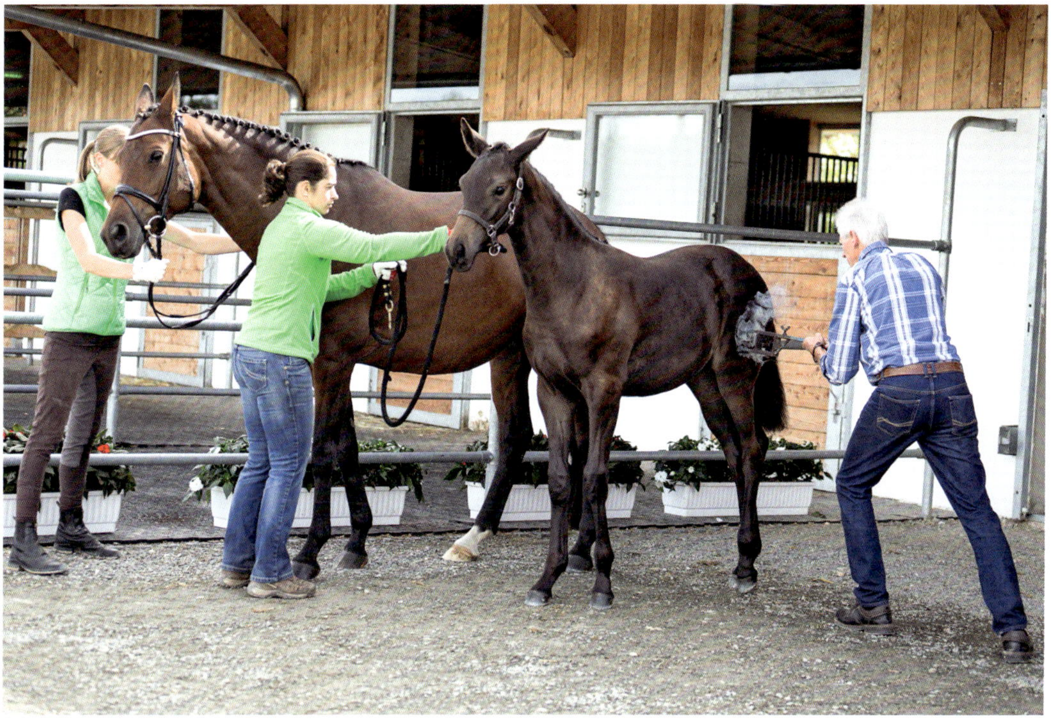

Einige Pferdezuchtverbände halten das Brandzeichen immer noch für ein unverzichtbares „Qualitätsmerkmal" des Pferdes.

In § 6 des Tierschutzgesetzes sind Verbote zu Eingriffen an Tieren formuliert:

§ 6 (1) Eingriffe an Tieren

Verboten ist das vollständige oder teilweise Amputieren von Körperteilen oder das vollständige oder teilweise Entnehmen oder Zerstören von Organen oder Geweben eines Wirbeltieres.

Für Pferde gilt, dass Manipulationen an Haaren, die funktionaler Teil von Organen sind (zum Beispiel Tasthaare um Maul und Augen) oder die eine besondere Schutzfunktion haben (zum Beispiel Haare in den Ohrmuscheln), ohne veterinärmedizinische Indikation tierschutzwidrig sind. Lediglich das Kürzen von Haaren, die aus den Ohrmuscheln herausragen, ist akzeptabel [63].

Die Kennzeichnung mit Mikrochip ist für alle seit Juli 2009 in der EU geborene Equiden zwingend vorgeschrieben.

Der Verbotsgrundsatz des § 6 gilt für Pferde nur dann nicht,

- wenn der Eingriff im Einzelfall nach tierärztlicher Indikation geboten ist,
- wenn eine Kennzeichnung von Pferden durch Schenkelbrand oder durch implantierten elektronischen Transponder vorgenommen wird, oder
- wenn zur Verhinderung der unkontrollierten Fortpflanzung oder – soweit tierärztliche Bedenken nicht entgegenstehen – zur weiteren Nutzung oder Haltung des Tieres eine Unfruchtbarmachung vorgenommen wird. Mit dieser Ausnahmeregelung ist unter anderem die routinemäßige Kastration von Hengsten tierschutzrechtlich abgedeckt.

Mit Ausnahme der Kennzeichnungsverfahren dürfen alle anderen genannten Eingriffe, die vom Verbotsgrundsatz ausgenommen sind, nur von einem Tierarzt vorgenommen werden.

§ 11 Zucht, Halten von Tieren, Handel mit Tieren

Für Pferdehalter wichtig ist auch § 11 denn wer gewerbsmäßig

- mit Pferden handelt,
- einen Reit- oder Fahrbetrieb unterhält oder auch
- Pferde zur Schau stellt oder für solche Zwecke zur Verfügung stellt,

bedarf der Erlaubnis der zuständigen Behörde. Gewerbsmäßig im Sinne des Tierschutzgesetzes handelt, wer die genannten Tätigkeiten selbstständig, planmäßig, fortgesetzt und mit der Absicht der Gewinnerzielung ausübt. Die Voraussetzungen für das gewerbsmäßige Unterhalten eines Reit- oder Fahrbetriebes sind in der Regel erfüllt, wenn mehr als ein Tier regelmäßig gegen Entgelt für Reit- oder Fahrzwecke bereitgehalten wird. Dies trifft auch für Reitvereine zu, die nicht nur für ihre Mitglieder, sondern darüber hinaus regelmäßig für Dritte Pferde gegen Entgelt bereithalten (Allgemeine Verwaltungsvorschrift zur Durchführung des Tierschutzgesetzes vom 9. Februar 2000, Bundesanzeiger Jg. 52, Nr. 36a).

Vorschriften zum Transport

Beim Transport von Pferden sind die diesbezüglichen Vorgaben aus der Verordnung (EG) Nr. 1/2005 des Rates über den Schutz von Tieren beim Transport und den damit zusammenhängenden Vorgängen ... vom 22. Dezember 2004 (EG-Transport-VO) maßgeblich. Die Verordnung gilt allerdings nicht für den Transport von Tieren, der nicht in Verbindung mit einer wirtschaftlichen Tätigkeit durchgeführt wird, und nicht für den Transport von Tieren, der unter Anleitung eines Tierarztes unmittelbar in oder aus einer Tierarztpraxis oder Tierklinik erfolgt.
Allgemeine Bedingungen für den Transport von Tieren gemäß der EG-Transport-VO: Niemand darf eine Tierbeförderung durchführen oder veranlassen, wenn den Tieren dabei Verletzungen oder unnötige Leiden zugefügt werden könnten. Darüber hinaus müssen folgende Bedingungen erfüllt sein:

- Vor der Beförderung wurden alle erforderlichen Vorkehrungen getroffen, um die Beförderungsdauer so kurz wie möglich zu halten und den Bedürfnissen der Tiere während der Beförderung Rechnung zu tragen.
- Die Tiere sind transportfähig.
- Die Ver- und Entladevorrichtungen sowie Transportmittel sind so konstruiert, gebaut und in Stand gehalten und werden so verwendet, dass den Tieren Verletzungen und Leiden erspart werden und ihre Sicherheit gewährleistet ist.
- Die mit den Tieren umgehenden Personen sind hierfür in angemessener Weise geschult oder qualifiziert und wenden bei der Ausübung ihrer Tätigkeit weder Gewalt noch sonstige Methoden an, die die Tiere unnötig verängstigen oder ihnen unnötige Verletzungen oder Leiden zufügen könnten.
- Der Transport zum Bestimmungsort erfolgt

Wegen der Verletzungsgefahr beim hastigen Zurückziehen sollten die Pferde keinesfalls den Kopf an der vorderen Tür herausstrecken.

ohne Verzögerung, und das Wohlbefinden der Tiere wird regelmäßig kontrolliert und in angemessener Weise aufrechterhalten.
- Die Tiere verfügen entsprechend ihrer Größe und der geplanten Beförderung über ausreichend Bodenfläche und Standhöhe.
- Die Tiere werden in angemessenen Zeitabständen mit Wasser und Futter, das qualitativ und quantitativ ihrer Art und Größe angemessen ist, versorgt und können ruhen.

Für den Transport durch Landwirte, die ihre eigenen Tiere in ihren eigenen Transportmitteln über eine Entfernung von weniger als 50 km ab ihrem Betrieb transportieren, gelten lediglich die allgemeinen Bedingungen der Verordnung.

Personen, die Tiere, gerechnet ab dem Versandort bis zum Bestimmungsort, über eine Strecke von mehr als 65 km befördern, benötigen dazu einen Befähigungsnachweis.

In der EG-Transport-VO speziell oder auch auf den Schutz von Pferden ausgerichtete oder infrage kommende Vorschriften und Verbote sind:

Transportfähigkeit

Als nicht transportfähig gelten:
- Tiere, die sich nicht schmerzfrei oder ohne Hilfe bewegen können
- Tiere mit offenen Wunden oder schweren Organvorfällen
- Tragende Tiere im fortgeschrittenen Trächtigkeitsstadium (90 Prozent oder mehr)
- Tiere, die vor weniger als sieben Tagen geboren haben
- Neugeborene Säugetiere, deren Nabelwunde noch nicht vollständig verheilt ist

Die letzten beiden Punkte gelten allerdings gemäß der EG-Transport-VO nicht für registrierte Equiden, wenn der Zweck der Beförderung darin besteht, für die Geburt beziehungsweise für die neugeborenen Fohlen zusammen mit den registrierten Mutterstuten hygienischere und artgerechtere Bedingungen zu schaffen. Dabei müssen die Tiere in beiden Fällen ständig von einem Betreuer begleitet sein, der während der Beförderung für sie zu sorgen hat.

Im Zweifelsfall ist ein Tierarzt hinzuzuziehen.

Verladen, Entladen und Umgang mit den Tieren

Das Gefälle der Rampenanlagen beträgt für Pferde auf horizontaler Ebene höchstens 20° oder 36,4 Prozent. Bei einem Gefälle von mehr als 10° oder 17,6 Prozent sind die Rampenanlagen mit einer Vorrichtung wie zum Beispiel Querlatten zu

versehen, die es den Tieren ermöglicht, risikofrei und ohne Mühen hinauf- und hinabzusteigen.
Es ist verboten:

- Tiere zu schlagen oder zu treten
- Auf besonders empfindliche Körperteile Druck auszuüben
- Tiere mit mechanischen Mitteln, die am Körper befestigt sind, hoch zu winden
- Tiere an Kopf, Ohren, Beinen, Schwanz oder Fell hoch zu zerren oder zu ziehen
- Treibhilfen mit spitzen Enden oder Elektroschockgeräte zu verwenden

Mehr als acht Monate alte Hausequiden, ausgenommen nicht zugerittene Pferde, müssen während des Transports Halfter tragen. Unter nicht zugerittenen Equiden versteht der Verordnungsgeber Pferde, die nicht mithilfe eines Halfters angebunden oder geführt werden können, ohne dass dadurch vermeidbare Erregung, Schmerzen oder Leiden entstehen.
Müssen Tiere angebunden werden, so müssen die Seile oder anderen Anbindemittel

- stark genug sein, damit sie unter normalen Transportbedingungen nicht reißen, und
- so konzipiert sein, dass sich die Tiere nicht strangulieren oder auf andere Art verletzen und dass sie schnell befreit werden können.

Die Mindesthöhe jedes Laderaums muss mindestens 75 cm über der höchsten Stelle des Widerrists des größten Pferdes liegen.
Nicht zugerittene Equiden dürfen nicht in Gruppen von mehr als vier Tieren befördert werden.

Transportdauer

Hausequiden, außer registrierten Equiden, dürfen nicht mehr als acht Stunden befördert werden.
In Spezialfahrzeugen mit besonderen Einrichtungen für lange Beförderungen können Hausequiden maximal 24 Stunden befördert werden. Dabei müssen die Tiere alle acht Stunden getränkt und nötigenfalls gefüttert werden.

Lange Beförderungen von Hausequiden, außer registrierten Equiden und wenn diese nicht von ihren Muttertieren begleitet werden, sind nur zulässig, wenn sie mehr als vier Monate alt sind.

Bei nicht zugerittenen Equiden sind lange Beförderungen nicht zulässig.

Für registrierte Equiden, das heißt Pferde mit ordnungsgemäßer Kennzeichnung und Equidenpass (konkrete Hinweise sind in der Verordnung (EG) Nr. 504/2008 zu finden), gelten die Beschränkungen hinsichtlich der Transportdauer nicht. Da es sich dabei um Zucht-, Sport- und Freizeitpferde handelt, geht der Verordnungsgeber offensichtlich davon aus, dass der Tierbesitzer aus eigenem Interesse um einen schadensfreien Transport bemüht ist.

Service

Literatur

[1] Aguilar, A. (2004): Natural Concepts: Wie Pferde lernen wollen. Kosmos Verlag, Stuttgart.

[2] Anonymus (1988): Reitvereine – Erhebung über den Stand der Arbeitssicherheit bei Reitvereinen im Bereich der Bezirksverwaltung 2, Hamburg. Gesetzliche Unfallversicherung Verwaltungs-Berufsgenossenschaft – Körperschaft des öffentlichen Rechts, Bezirksverwaltung 2 – Prävention, Hamburg.

[3] Anonymus (2005): ISL Lehrmodul Nonverbale Kommunikation. Institut für Städtebau und Landesplanung der Universität Karlsruhe (TH).

[4] Anonymus (2012): Die Hengsthaltung ist eine besondere Herausforderung. „Bulletin" 3/12.3.2012.

[5] Anonymus (2013): The ISES Horse Noseband Taper Gauge. www.equidaewelfare.com.

[6] Anonymus (2014): Brisant: Ist Reiten wirklich so gefährlich? Eine Analyse mit Zahlen und Fakten. pferdonline.ch.

[7] Anonymus (2017): Aktuelles zu Sicherheit und Gesundheitsschutz – Pferdehaltung Sozialversicherung für Landwirtschaft, Forsten und Gartenbau, Kassel, B21.

[8] Arbeitsgruppe Tierschutz und Pferdesport (1992): Leitlinien Tierschutz im Pferdesport. Bundesministerium für Verbraucherschutz, Ernährung und Landwirtschaft, Bonn.

[9] Bammert, J. et al. (1993): Bedarfsdeckung und Schadensvermeidung – Ein ethologisches Konzept und seine Anwendung für Tierschutzfragen. Tierärztl. Umschau 48, 269-280.

[10] Baragli, P. A. et al. (2008): Delayed search for non-social goals by Equids (*Equus caballus* and *Equus asinus*). Proceedings on the International Equine Science Meeting 2008 in Regensburg.

[11] Baragli, P./Regolin, L. (2008): Cognition Tests in Equids (*Equus caballus* and *Equus asinus*). Proceedings on the International Equine Science Meeting 2008 in Regensburg.

[12] Bartmann, C. P. (2016): Tierschutzgerechte Zwangsmaßnahmen am Pferd bei Hufbehandlungen und beim Hufbeschlag. Der Praktische Tierarzt 97, Heft 12, 1094–1099.

[13] Bartosova, J./Dvorakova, R./Vancatova, M./Svobodova, I. (2008): Comprehension of human pointing gesture in domestic horses: Effect of training method. Proceedings on the International Equine Science Meeting 2008 in Regensburg.

[14] Baum, S. et al. (1998): Workshop der Internationalen Gesellschaft für Nutztierhaltung (IGN) zum Thema „Leiden" vom 30.01/01.02.1998 in Marburg. Der Tierschutzbeauftragte 2/98.

[15] Berger, S. (2013): Pferdewissen.ch – Reiten mit Herz und Verstand. www.pferdewissen.ch/respekt.php: Vertrauen & Respekt.

[16] Beyer, S./Schwarzer, A. (2016): Einsatz von Pferden bei Festumzügen. Merkblatt Nr. 147, Arbeitskreis 11 (Pferde) der Tierärztlichen Vereinigung für Tierschutz.

[17] Birmelin, I. (2011): Tierisch intelligent. Franck-Kosmos Verlag, Stuttgart.

[18] Bode, G. (2007): Die Auswirkungen des nonverbalen Führungsverhaltens von Menschen auf Pferdereaktionen. www.ginabode.de.

[19] Bohnet, W. (2008): Pferdeflüsterer und was die Pferde davon halten. hundkatzepferd 04/08, succidia AG Darmstadt, 50–53.

[20] Boros, B./Maros, K. (2008): Followership as a possible indicator of human-horse relationship in adult horses. Proceedings on the International Equine Science Meeting 2008 in Regensburg-

[21] Borstel, U. U. von et al. (2007): Transfer of nervousness from competition rider to the horse. Proceedings of the 3th International Equitation Science Conference 2007, USA.

[22] Borstel, U. U. von et al. (2009): Impact of riding in a coercively obtained Rollkur posture on welfare and fear of performance horses. Applied Animal Behaviour Science 116, 228–236,.

[23] Bourjade, M. et al. (2008). Could Adults be Used to Improve Social Skills of Young Horses, *Equus caballus*? www.interscience.wiley.com DOI 10.1002/dev.20301.

[24] Carroll, J. et al. (2001): Photopigment basis for dichromatic color vision in the horse. Journal of Vision 1, 80–87.

[25] Chamove, A. S./Crawley-Hartrick, O. J. E/Stafford, K. J. (2002): Horse reactions to human attitudes and behaviour. Anthrozoos: A Multidisciplinary Journal of the Interactions of People & Animals Vol. 15, Nr. 4, 323–331 (Abstract).

[26] Clark, D.K./Friend, T.H./Dellmeier, G. (1993): The effect of orientation during trailer transport on heart rate, cortisol and balance in horses. Appl. Animal Behaviour Science Vol. 8, Issues 3–4, 179–189.

[27] Cooper, J. (1996): Learning in horses. Proceedings to the Int. Congress Equine Clinical Behaviour, Basel.

[28] Cregier, S.E. (1982): Reducing Equine Hauling Stress: A Review. Equine Veterinary Science, 187–198.

[29] Damsen, B. van (2016): Den Nachwuchs sicher transportieren. Badische Bauernzeitung Nr.28, 28–29.

[30] Della Costa, E. et al. (2014): Development of the Horse Grimace Scale (HGS) as a Pain Assessment Tool in Horses Undergoing Routine Castration. PLoS ONE 9(3): e92281. Doi:10.1371/journal.pone.0092281.

[31] Deutsche Reiterliche Vereinigung e.V. (2012): Richtlinien für Reiten und Fahren, Band 1 – Grundausbildung für Reiter und Pferd, FN-Verlag der Deutschen Reiterlichen Vereinigung GmbH, Warendorf.

[32] Donner, H. D. (1982): Wie mache ich mein Pferd „schmiedefromm"? St. Georg 9/82, 71–73.

[33] Duberstein, K. J./Gikeson, J. A. (2010): Determination of sex differences in personality and trainability of yearling horses utilizing a handler questionnaire. Appl. Animal Behaviour Sci., Vol. 128, Issues 1–4, 57–63 (Abstract).

[34] Erber, R. et al. (2012): Behavioral and physiological responses of young horses to different weaning protocols: a pilot study. Stress, 15(2): 184–94. PubMed (Abstract).

[35] Feh, C./Mazières, J. de (1993): Grooming at a preferred site reduces heart rate in horses. Animal Behaviour 46, 1191–1194.

[36] Franzen, V./Ertelt, A./Gehlen, H. (2015): Magenulzera (EGUS) beim Pferd – Wo stehen wir heute? Tierärztliche Umschau 70, 29–40.

[37] Fraser, A. F./Broom, D. M. (1990): Farm Animal Behaviour and Welfare. Baillière Tindall London, third Edition

[38] Fureix, C. et al. (2009): A preliminary study of the effects of handling type on horses' emotional reactivity and the human-horse relationship. Behavioural Processes 82, 202–210.

[39] Fureix, C. et al. (2012): Towards an Ethological Model of Depression? A Study on Horses. http://pubmedcentralcanada.ca/pmcc/articles/PMC3386251 (abgerufen am 03.02.2017).

[40] Gabor, V./Gerken, M. (2012): Die Fähigkeit zur Anzahlerkennung beim Shetlandpony. Aktuelle Arbeiten zur artgemäßen Tierhaltung 2012, KTBL-Schrift 496, Darmstadt, 164–170.

[41] Gansterer, U.-D. (2011): Equotherapie und Mentalisierung. Analogien frühkindlicher und equotherapeutischer nonverbaler Interaktionsprozesse. Diplomarbeit zum Mag. phil., Universität Wien.

[42] Geitner, M. (2014): Das Pferdegehirn. www.pferde-ausbildung.de/das-pferdegehirn.

[43] Geser von Peinen, K. (2013): Die verzwickte Dreiecksbeziehung zwischen Reiter, Sattel und Pferd: Ein Handicap für die Pferdegesundheit? LBH: 7. Leipziger Tierärztekongress, Tagungsband Band 2 Pferd, 216–219.

[44] Gilmartin, H. (2002): Horse Sense: Are Equines Intelligent? The Quin Morton '36 Essay Prizes, Seminar – WRI 101: The Animal Mind.

[45] Hall, C. A./Cassaday, H. J. (2006): An investigation into the effect of floor color on the behaviour of the horse. Applied Animal Behaviour Science 99, 301–314.

[46] Hall, C. A./Cassaday, H. J./Derrington, A. M. (2003): The effect of stimulus height on visual discrimination in horses. Journal Animal Science 81, 1715–1720.

[47] Hall, C. et al. (2007): Is there evidence of ‚Learned Helplessness' in horses? Proceedings of the 3th International Equitation Science Conference 2007, USA.

[48] Haller, M. (2015): Sind wir zu schwer für unsere Pferde? ProPferd.at, www.propferd.at, Wissen 02.04.2015.

[49] Hannaford, C. (2008): Bewegung – das Tor zum Lernen. VAK Verlags GmbH Kirchzarten bei Freiburg.

[50] Hausberger, M. (2008): Temperament and personality in horses: an overview. Proceedings on the International Equine Science Meeting 2008 in Regensburg.

[51] Hausberger, M. et al. (2009): Could Work be a Source of behavioural Disorder? A Study in Horses. PLoS ONE 4(10): e7625. Doi:10.1371/journal.pone.0007625.

[52] Hausberger, M./Muller, C./Lunel, C. (2011): Does Work Affect Personality? A Study in Horses. PubMedCentral Canada, http://pubmedcentral-canada.ca/pmcc/articles/PC3036583.

[53] Hausberger, M./Roche, H./Henry, S./Visser, E. K. (2008): A review of human-horse relationship. Applied Animal Behaviour Science 109, 1–24.

[54] Hawson, L. A./McLean, A. N./McGreevy, P. D. (2010): The roles of equine ethology and applied learning theory in horse-related human injuries. Journal of Veterinary Behavior: Clinical Applications and Research, Vol. 5, Issue 6, 324–338 (Abstract).

[55] Heffner, H. E./Heffner, R. S. (1983): The Hearing Ability of Horses. Equine Practice, Vol.5, No.3, 27–32.

[56] Heird, J. C. et al. (1986): The effects of handling at different ages on the subsequent learning ability of 2-year-old horses. Applied Animal Behaviour Science 15, 15–25.

[57] Hellauer, A. K. (2014): Auswirkungen der Kopf-Hals-Position auf endoskopische Befunde der oberen Atemwege und Stressparameter beim Reitpferd. Dissertation zum Dr. med. vet., Freie Universität Berlin.

[58] Henry, S. et al. (2012): Adults may be used to alleviate weaning stress in domestic foals (equus caballus). Physiology & Behavior 106, 428–438.

[59] Henry, S./Briefer, S./Richard-Yris, M.-A./Hausberger, M. (2007): Are 6-Month-Old Foals Sensitive to Dam's Influence? Wiley Periodicals, Inc. Dev Psychobiol 49, 514–521.

[60] Henry, S./Hemery, D./ Richard, M.-A./Hausberger, M. (2005): Human-mare relationships and behaviour of foals toward humans. Applied Animal Behaviour Science 93, 341–362.

[61] Henshall, C.7McGreevy, P.D. (2014): The role of ethology in round pen horse training – A review. Appl. Animal Behaviour Science, dx.doi.org/10.1016/j.applanim.2014.03.04.

[62] Hintze, S. et al. (2016): Are Eyes a Mirror of the Soul? What Eye Wrinkles Reveal about Horse's Emotional State. PLoS ONE 11(10): e0164017. doi:10.1371/journal.pone.0164017.

[63] Hirt, A./Maisack, C./Moritz, J. (2007): Tierschutzgesetz Kommentar. Verlag Franz Vahlen, 2. Aufl., München.

[64] Hothersall, B. (2008): Preliminary studies on visuo-spatial cue use in horses. Proceedings on the International Equine Science Meeting 2008 in Regensburg.

[65] Houpt, K. A. (2008): Maternal behavior in horses. Proceedings on the International Equine Science Meeting 2008 in Regensburg.

[66] Immelmann, K./Pröve, E./Sossinka, R. (1996): Einführung in die Verhaltensforschung. Pareys Studientexte 13, Blackwell Wissenschafts-Verlag Berlin Wien, ISBN 3-8263-3047-1.

[67] Irrgang, N./Gerken, M. (2010): Untersuchung zu Haltung, Management, Verhalten und Handling von Vollblutaraberhengsten. Züchtungskunde, 82 (4), 292–302.

[68] Jahrbeck, A. (2010): Zur Anwendung von Zwangsmaßnahmen bei Pferden unter besonderer Berücksichtigung der Nasenbremse unter Tierschutzgesichtspunkten. TVT-Merkblatt Nr. 129, Bramsche.

[69] Jones, B./McGreevy, P. D. (2010): Ethical equitation: Applying a cost-benefit approach. Journal of Veterinary Behavior: Clinical Applications and Research, Vol. 5, Issue 4, 196–202 (Abstract).

[70] Kaiser, N. (2002): Kommunikation mit Eddy. www.equivox.de/Hauptartikel/178/Magazin.

[71] Kaup, B. (2004): Lernen, Gedächtnis, Wissen. URL: www.nwgnegation.de/englisch/Home_Kaup/lehre/vl_allg_04/VL%20II%201_07.pdf. Foliensatz Vorlesung "Allgemeine Psychologie II" SS 2004

[72] Kienapfel, K. (2011): Und was meinen die Pferde dazu? – Über das Ausdrucksverhalten von Pferden bei verschiedenen Halsstellungen. Pferdeheilkunde 27, 372–380.

[73] Kienapfel, K./Link, Y./König v. Borstel, U. (2014): Prevalence of Different Head-Neck Positions in Horses Shown at Dressage Competitions and their Relation to Conflict Behaviour and Performance Marks. http:77journals.plos.org, DOI: 10.1371/journal.pone.0103140.

[74] Kienapfel, K./Preuschoft, H. (2010): Viel zu eng! Über die Verschnallung der Nasenriemen. Pferdeheilkunde 26, 178–185.

[75] Kienapfel, K./Preuschoft, H. (2011): Was bewirkt das Aufrollen des Pferdehalses? –

Einflüsse der Halsstellung auf die Dehnung der Weichteile. Pferdeheilkunde 27, 358–370.

[76] Kirchner, J./Manteuffel, G./Schrader, L. (2010): Können mit einer Aufrufstation für Wartesauen agonistische Interaktionen gesenkt werden? Aktuelle Arbeiten zur artgemäßen Tierhaltung 2010, KTBL-Schrift 482, Darmstadt, 127–136.

[77] Klein, S./Zieglgänsberger, W. (2007): Das stärkste der Gefühle. ZEITmagazin LEBEN, Nr. 47, www.zeit.de/2007/47/Klein-Schmerz.

[78] König von Borstel, U. et al. (2015): Hyperflexing the horse's neck: a cost-benefit and meta-analysis. 3rd International Equine Science Meeting 2015, Nürtingen (Abstract).

[79] Krüger, K. (2007): Behaviour of horses in the „round pen technique". Applied Animal Behaviour Science, Vol. 104, Issues 1–4, 162–170.

[80] Krüger, K. (2008): Sozial cognition and social learning in horses. Proceedings to the Int. Equine Science Meeting 2008 in Regensburg.

[81] Krüger, K. (2011): Die Relevanz von sozialem Lernen beim Pferd für Tierhaltung und Tierschutz. Tagungsband zu 12. Int. Fachtagung zu Fragen von Verhaltenskunde, Tierhaltung und Tierschutz in München, DVG.

[82] Krüger, K./Farmer, K./Byrne, R. (2011): Die sensorische Lateralität als Indikator für emotionale und kognitive Reaktionen auf Umweltreize beim Tier. Aktuelle Arbeiten zur artgemäßen Tierhaltung 2011, KTBL-Schrift 489, 13–22.

[83] Krüger, K./Farmer, K./Heinze, J. (2013): The effects of age, rank and neophobia on social learning in horses. Animal Cognition doi. org/10.1007/s10071-013-0696-x.

[84] Krüger, K./Flauger, B./Farmer, K./Maros, K. (2011): Horses (Equus caballus) use human local enhancement cues and adjust to human attention. Anim. Cogn. 2011 Mar, 14(2), 187–201 (Abstract).

[85] Krüger, K./Heinze, J. (2007): Horse sense: social status of horses (Equus caballus) affects their likelihood of copying other horses' behavior. Animal Cognition Vol.11, Number 3, 431-439, DOI: 10.1007/s10071-007-0133-0.

[86] Kurtz, A./Pollmann, U./Schnitzer, U./Zeeb, K. (2000): Gruppenhaltung von Pferden – Eingliederung fremder Pferde in bestehende Gruppen. Chemisches und Veterinäruntersuchungsamt Freiburg.

[87] Kusunose, R./Yamanobe, A. (2002): The effect of training schedule on learned tasks in yearling horses. Applied Animal Behavior Science 78, 225–233.

[88] Kutsch, A. (2005): Problempferde – woher kommen die Probleme und wie können wir sie lösen? DVG-Tagungsband Ethologie und Tierschutz in München, 172–182.

[89] Lansade, L./Bouissou M.-F. (2008): Reactivity to humans: A temperament trait of horses which is stable across time and situations. Applied Animal Behaviour Science 114, 492–508.

[90] Lansade, L./Bouissou, M.-F./Erhard H. W. (2008): Fearfulness in horses: A temperament trait stable across time and situations. Applied Animal Behaviour Science 115, 182–200.

[91] Lansade, L./Bouissou, M.-F./Erhard, H. W. (2008): Reactivity to isolation and association with conspecifics: A temperament trait stable across time and situations. Applied Animal Behaviour Science 109, 355–373.

[92] Lashley, M. J. J. O. et al. (2014): Comparison of the head and neck position of elite dressage horses during top-level competitions in 1992 versus 2008. The Veterinary Journal, doi: 10.1016/j.tvjl.2014.08.028.

[93] Lesimple, C./Fureix, C./Menguy, H./Hausberger, M. (2010): Human direct actions may alter animal welfare, a study on horses (*Equus caballus*). PLoS ONE 5(4): e10257. doi:10.1371/journal.pone.0010257.

[94] Lindberg, A. C./Kelland, A./Nicol, C. J. (1999): Effects of observational learning on acquisition of an operant response in horses. Applied Animal Behaviour Science 61, 187–199.

[95] Loeffler, K. (1993): Zur Erfassbarkeit von Schmerzen und Leiden unter Berücksichtigung neurophysiologischer Grundlagen. Leiden und Verhaltensstörungen bei Tieren, TH 23, Birkhäuser Verlag, Basel, 77-84

[96] Lorz, A./Metzger, E. (1999): Tierschutzgesetz Kommentar. C.H. Beck'sche Verlagsbuchhandlung, München

[97] Louton, H. (2016): Tierschutzaspekte beim Ponyreiten. Prakt. Tierarzt 97, Heft 10, 911–913.

[98] Lubbadeh, J. (2012): Sportunfälle beim Reiten: Die Gefahren im Pferdesport. Spiegel Online Gesundheit.

[99] Mackenzie, S. A./Giordano, A. P./Monahan, E. A. (1987): Use a Conditioned Stimulus to Improve Equine Behavior in Response on Clipping. Equine Practice, Vol. 9, No. 3, 15–17.

[100] Macuda, T./Timney, B. (1999): Luminance and chromatic discrimination in the horse. Behavioural Processes 44, 301–307.

[101] Maier-Borst, H. (2015): Was die Pupillen von Tieren verraten. Spiegel Online Wissenschaft.

[102] Malinowski, K. et al. (1990): Effect of different separation protocols between mares and foals on plasma cortisol and call-mediated immune response. Equine Nutrition an Physiology Society, Refereed Papers from the 11th Symposium, Vol.10, No. 5.

[103] McCall, C. A./Burgin, S. E. (2002): Equine utilization of secondary reinforcement during response extinction and acquisition. Applied Animal Behavior Science 78, 253–262.

[104] McGreevy, P./Warren-Smith, W./Guisard, Y. (2012): The effect of double bridles and jaw-clamping crank nosebands on temperature of eyes and facial skin of horses. Journal of Veterinary Behavior: Clinical Applications and Research, Vol.7, Issue 3, 142–148.

[105] McGreevy, P. D. (2007): The advent of equitation science. The Veterinary Journal, Vol. 174, Issue 3, 492–500.

[106] McGreevy, P. D./McLean, A. N. (2007): Roles of learning theory and ethology in equitation. Journal of Veterinary Behavior: Clinical Applications and Research, Vol. 2, Issue 4, 108–118 (Abstract)

[107] McGreevy, P. D./McLean, A. N. (2009): Punishment in horse-training and the concept of ethical equitation. Journal of Veterinary Behavior: Clinical Applications and Research, Vol. 5, Issue 5, 193–197 (Abstract).

[108] McGreevy, P. D./Oddie, C./Burton, F. L./McLean, A. N. (2009): Die Pferd-Mensch-Dyade: Können Training und Handling mit dem sozialen Ethogramm des Pferdes in Einklang gebracht werden? Vet. Journal 181, 12–18 (IGN 1/2010).

[109] McGreevy, P./McLean, A. (2007): The roles of learning theory and ethology in equitation. Journal of Veterinary Behaviour, www.equitation-science.co.uk/Scientific-Training-Principles.html.

[110] McLean, A. (2007): Overshadowing: a silver lining to dark cloud in horse training. Proceedings of the 3th International Equitation Science Conference 2007, USA.

[111] McLean, A. N. (2004): Short-term spatial memory in the domestic horse. Applied Animal Behavior Science 85, 93–105.

[112] McLean, A. N./McGreevy, P. D. (2010): Ethical equitation: Capping the price horses pay for human glory. Journal of Veterinary Behavior: Clinical Applications and Research, Vol. 5, Issue 4, 203–209 (Abstract).

[113] McLean, A. N./McGreevy, P. D. (2010): Horse-training techniques that may defy the principles of learning theory and compromise welfare. Journal of Veterinary Behavior: Clinical Applications and Research, Vol. 5, Issue 4, 187–195 (Abstract).

[114] Mejdell, C.M./Buvik, T./Jørgensen, G.H.M./Bøe, K.E. (2016): Horses can learn to use symbols to communicate their preferences. Appl. Animal Behaviour Sci., dx.doi.org/10.1016/j.applanim.2016.07.014.

[115] Meyer, H. (2008): Zur Intelligenz des Pferdes – die biologische Analyse vor dem Hintergrund kontroverser Meinungen. Pferdeheilkunde 24, 792–830.

[116] Meyer, H. (2009): Ethische Aspekte der physischen und psychischen Belastung des Pferdes durch dessen reiterliche Nutzung. Pferdeheilkunde 25, 5, 479–502.

[117] Miller, R. M. (1996): Equine psychology and its application to veterinary practice. Proceedings to the Int. Congress Equine Clinical Behaviour, Basel.

[118] Mills, D. S. (1996): Applying learning theory to the management horse: the difference between getting it right and getting it wrong. Proceedings to the Int. Congress Equine Clinical Behaviour, Basel.

[119] Muggenthaler, K. et al. (2010): Sägespäne versus Liegematten – Untersuchungen zum Ausruh- und Ausscheidungsverhalten von Pferden in der Liegehalle von Mehrraumaußenlaufställen mit Auslauf. Aktuelle Arbeiten zur artgemäßen Tierhaltung, KTBL-Schrift 482, Darmstadt, 145–155.

[120] Müller, C. (2006): Einführung ins Clickertraining. Übersetzung aus dem Buch: Clickertraining for your horse von Kurland, A. www.angelfire.com/az/clickryder/kitgerm.html.

[121] Müller, K. (1997): Wenn die Arbeit mit dem Pferd zum Spiel wird (Parellis Natural Horse-Man-Ship, PNH). Pegasus 5/97.

[122] Murphy, J./Arkins, S. (2007): Equine learning behavior. Behavioural Processes 76, 1–13.

[123] Nagy, K. et al. (2010): Differences in temperament traits between crib-biting and control horses. Applied Animal Behaviour Science 122, 41–47.

[124] Nicol, C. J. (2002): Equine learning: progress and suggestions for future research. Applied Animal Behavior Science 78, 193–208.

[125] Niegot, M./Lindemann, K. (2008): Ein tierisch guter Chef. hundkatzepferd 02/08, succidia AG Verlag und Kommunikation, Darmstadt.

[126] Pape, J. (1960): Probleme der Psychologie des Vollblutpferdes in tierärztlicher Sicht. Wissenschaftliche Vorträge 1960, Direktorium für Vollblutzucht und Rennen, 55–64.

[127] Peeters, M./Closson, C./Beckers, J.-F./Vandenheede, M. (2013): Rider and Horse Salivary Cortisol Levels During Competition and Impact on Performance. Journal of Equine Veterinary Science 33, 155–160.

[128] Pollmann, U. (2002): Gefahr erkannt – Gefahr gebannt. Bad. Bauernzeitung 29, 24–25.

[129] Pollmann, U. (2006): Datenerhebung in Offenlaufställen von Pferden. Tagungsband der DVG-Fachgruppe Tierschutzrecht, Verlag der DVG-Service GmbH, 126–138.

[130] Pollmann, U. (2013): Nur ausgeruhte Pferde bringen volle Leistung: Untersuchungen zur pferdegerechten Gestaltung von Liegeflächen. LBH: 7. Leipziger Tierärztekongress – Tagungsband 2, Pferd, 205–207.

[131] Pollmann, U. (2013): Daten und Fakten zur Kennzeichnung von Fohlen durch Heißbrand. Tierärztliche Umschau 68, 275–282.

[132] Porzig, E./Sambraus, H.H. (1991): Nahrungsaufnahmeverhalten landwirtschaftlicher Nutztiere. Deutscher Landwirtschaftsverlag Berlin GmbH, Auflage 1, ISBN 3-331-00527-4.

[133] Powell, S. (1995): Das Pferd die Entscheidungen selbst treffen lassen. Western Horse, Heft 7, Kierdorf Verlag Wipperfürth.

[134] Preuschoft, H./Falaturi, P./Lesch, C. (1995): Grenzen der Einwirkungen des Reiters auf das Pferd. Tierärztliche Umschau 50, 511–521.

[135] Proops, L./McComb, K. (2010): Attributing attention: the use of human-given cues by domestic horses (Equus caballus). Anim. Cogn. 2010 Mar, 13(2), 197–205 (Abstract).

[136] Proops, L./McComb, K./Reby, D. (2008): Cross-modal individual vocal recognition in the domestic horse (Equus caballus). Proceedings on the International Equine Science Meeting 2008 in Regensburg.

[137] Ralph, C.R., Tilbrook, A.J. (2016): The usefulness of measuring glucocorticoids for assessing animal welfare. Journal of Animal Science, Vol.94 No.2, 457–470.

[138] Rashid, M. (2011): Denn Pferde lügen nicht – Neue Wege zu einer vertrauten Mensch-Pferd-Beziehung. Franck-Kosmos Verlags GmbH & Co. KG, Stuttgart.

[139] Rivera, E. et al. (2002): Behavioral and physiological responses of horses to initial training: the comparison between pastured versus stalled horses. Applied Animal Behaviour Science 78, 235–252.

[140] Roberts, M. (2002): Die Sprache der Pferde. Verlagsgruppe Lübbe, Bergisch Gladbach.

[141] Rogers, W.C./Bolwell, C.F./Tanner, J.C./Weeren, P.R. van (2012): Early exercise in the horse (Review). Journal of Veterinary Behavior, 7, 375–379.

[142] Roth, G. (2004): Warum sind Lehren und Lernen so schwierig? Zeitschrift für Pädagogik 50, 4, 496–506.

[143] Sachverständigengruppe tierschutzgerechte Pferdehaltung (2009): Leitlinien zur Beurteilung von Pferdehaltungen unter Tierschutzgesichtspunkten. Bundesministerium für Ernährung, Landwirtschaft und Verbraucherschutz, Bonn.

[144] Sambraus, H. H. (1995): Befindlichkeiten und Analogieschluss. Aktuelle Arbeiten zur artgemäßen Tierhaltung 1994, KTBL-Schrift 342, Darmstadt: 31–39.

[145] Sankey, C. et al. (2011): Do Horses Have a Concept of Person? http://pubmedcentralcanada.ca/pmcc/articles/PMC3068175.

[146] Saslow, C. A. (2002): Understanding the perceptual world of horses. Applied Animal Behaviour Science 78, 209–224.

[147] Schelp, D. (2000): Untersuchungen ethologischer und physiologischer Parameter zur Wirkungsweise und möglichen Tierschutzrelevanz der Nasenbremse beim Pferd. Inaug. Diss. med. vet., LMU München.

[148] Schilling, B (2009): Der tödliche Reitunfall. Dissertation zum Dr. med., Universität Hamburg.

[149] Schmidt, A. et al. (2010): Changes in cortisol release and heart rate variability during the initial training of three-year-old sport horses. Hormones and Behavior 58, 628–636.

[150] Schnitzer, U. (2005): Berücksichtigung des Verhaltens bei der Ausbildung von Pferden. DVG-Tagungsband Ethologie und Tierschutz in München, 172–182.

[151] Schrader, D./Schwarzer, A. (2015): Einsatz von Maulkörben bei Pferden unter Tierschutzgesichtspunkten. Merkblatt Nr. 143, Arbeitskreis 11 (Pferde) der Tierärztlichen Vereinigung für Tierschutz.

[152] Seddig, A. (2004): Windenergieanlagen und Pferde. Gutachten, Fakultät für Biologie der Universität Bielefeld.

[153] Sennewald, A. (2014): Anwendung eines Bewertungsschemas zur Temperaments- und Charakterbeurteilung beim Pferd. Inaugural-Dissertation zum Dr. med. vet., Tierärztliche Hochschule Hannover.

[154] Sindt, D. (2015): Pferde sehen die Welt mit ganz anderen Augen. Badische Bauerzeitung Nr. 46, 23.

[155] Smith, S./Goldman, L. (1999): Color discrimination in horses. Applied Animal Behavior Science 62, 13–25.

[156] Sondergaard, E./Halekoh, U. (2003): Young horses‘ reactions to humans in relation to handling and social environment. Applied Animal Behavior Science 84, 265–280.

[157] Starling, M./McLean, A./McGreevy, P. (2016): The Contribution of Equitation Science to Minimising Horse-Related Risks to Humans. Animals 2016, 6, 15; doi:10.3390/ani6030015.

[158] Stauffacher, M. (1983): Angst bei Tieren – ein zoologisches und ein forensisches Problem. Deutsche Tierärztliche Wochenschrift 100, Heft 8, 322–327.

[159] Timney, B (2008): Photopic Spectral Sensitivity and Wavelength Discrimination in the Horse (Equus caballus). Proceedings on the International Equine Science Meeting 2008 in Regensburg.

[160] Toewe, B.H. (2014): Ursachen und Funktionen von Koppen bei Pferden und Möglichkeiten

und Grenzen der Prävention und Therapie. Inaugural-Dissertation zum Dr. med. vet., Justus-Liebig-Universität Gießen.

[161] Tschanz, B. (1997): Befindlichkeiten von Tieren - ein Ansatz zu ihrer wissenschaftlichen Beurteilung. Tierärztliche Umschau 52: 15–22 und 67–72.

[162] Tschanz, B. et al. (2001): Feststellbarkeit psychischer Vorgänge beim Tier aus der Sicht der Ethologie. Deutsches Tierärzteblatt 7, Deutscher Ärzteverlag GmbH, Köln, 730–735.

[163] Visser, E. K. et al. (2003): Learning performances in young horses using two different learning tests. Applied Animal Behavior Science 80, 311–326.

[164] Voswinkel, L. (2009): Einfluss der Bewegungsaktivität auf Wachstums- und Ausdauerparameter beim Pferd. Dissertation zum Dr. agr., Christian-Albrechts-Universität Kiel.

[165] Waran, N. K./Clarke, N./Farnworth, M. (2007): The effects of weaning on the domestic horse (equus caballus). Applied Animal Behaviour Science, doi:10.1016/j.applanim.2007.03.024.

[166] Waran, N.K./Cuddeford, D. (1995): Effects of loading and transport on the heart rate and behaviour of horses. Appl. Animal Behaviour Science, Vol. 43, Issue 2, 71–81.

[167] Waring, G. H. (1983): Horse Behavior. Noyes Publications, New Jersey USA.

[168] Warren-Smith, A. K./McGreevy, P. D. (2007): Preliminary investigations into the ethological relevance of round-yard training with horses. Proceedings of the 3th International Equitation Science Conference 2007, USA.

[169] Wasilewski, A. (2003): „Freundschaft" bei Huftieren? – Soziopositive Beziehungen zwischen nicht verwandten artgleichen Herdenmitgliedern. Dissertation, Dr. rer. nat., Philipps-Universität Marburg.

[170] Wechsler, B. (1990): Verhaltensstörungen als Indikatoren einer Überforderung der evoluierten Verhaltenssteuerung. Aktuelle Arbeiten zur artgemäßen Tierhaltung 1989, KTBL-Schrift 342, Darmstadt: 31–39.

[171] Wechsler, B. (1992): Zur Genese von Verhaltensstörungen. Aktuelle Arbeiten zur artgemäßen Tierhaltung 1991, KTBL-Schrift 351, Darmstadt, 9–17.

[172] Widmann, U. (1990): Fortbewegung von Pferden außerhalb der Nutzungszeit. Diplomarbeit, Dipl. agr., Universität Hohenheim.

[173] Wild, J./Classen, P. (2015): Eine wahre (Horsemanship) Geschichte aus dem Alltag. Horseman 5/15,Westernreiten Freizeitreiten Horsemanship, WRW oHG Giessen Co., Xanten, 78–81.

[174] Williams, M. (1980): Laterality of Perception in Horses. 31. Jahrestagung der Europäischen Vereinigung für Tierzucht, MH 5.7.

[175] Winther Christensen, J./Zharkikh, T./Chovaux, E. (2011): Object recognition and generalisation during habituation in horses. Appl. Animal Behaviour Sci., Vol. 129, 83–91.

[176] Winther Christensen, J./Zharkikh, T./Ladewig, J. (2008): Do horses generalize between objects during habituation? Appl. Animal Behaviour Sci., Vol. 114, 509–520.

[177] Wöhr, A.-C. et al. (2015): Narkolepsie oder das Pferd liegt nie? DVG-Fachtagung zu Fragen von Verhaltenskunde, Tierhaltung und Tierschutz in München, Verlag der DVG Service GmbH Gießen, 131–147.

[178] Wöhr, C./Erhard, M. (2006): Polysomnographische Untersuchungen zum Schlafverhalten des Pferdes. Aktuelle Arbeiten zur artgemäßen Tierhaltung, KTBL-Schrift 448, Darmstadt, 127–135.

[179] Wolff, M. (1993): Kann man Leiden von Tieren naturwissenschaftlich erfassen? Leiden und Verhaltensstörungen bei Tieren, TH 23, Birkhäuser Verlag, Basel: 8–27 (99).

[180] Wolter, R./Krüger K. (2015): Einflussfaktoren auf das Grooming-Verhalten bei wilden und verwilderten Pferden. Aktuelle Arbeiten zur artgemäßen Tierhaltung 2015, KTBL-Schrift 510, Darmstadt, 242–248.

[181] Zebisch, A./May, A./Reese, S./Gehlen, H. (2013): Effects of different head-neck positions on the larynges of ridden horses. Journal of Animal Physiology and Animal Nutrition, Blackwell Verlag GmbH.

[182] Zilow, V. K. (2015): Untersuchung zur Haltung von Hengsten (*Equus ferus caballus*) in Bayern. Inaugural-Dissertation zum Dr. med. vet., LMU München.

[183] Zöller, H. (2006): Das Pferd als Spiegel innerpsychischer Zustände. Diplomarbeit, Diplomstudiengang Psychologie, Universität Bremen.

Stichwortverzeichnis

Bildquellen

Sämtliche im Innenteil verwendete Bilder stammen von Christiane Slawik, außer:
S. 123 und 133: Dr. Ursula Pollmann.

Die Grafiken fertigte Helmuth Flubacher, Waiblingen, nach Vorlagen der Autorin.

Impressum

Titelfoto: Christiane Slawik

Die in diesem Buch enthaltenen Empfehlungen und Angaben sind von der Autorin mit größter Sorgfalt zusammengestellt und geprüft worden. Eine Garantie für die Richtigkeit der Angaben kann aber nicht gegeben werden. Autorin und Verlag übernehmen keine Haftung für Schäden und Unfälle. Bitte setzen Sie bei der Anwendung der in diesem Buch enthaltenen Empfehlungen Ihr persönliches Urteilsvermögen ein.
Der Verlag Eugen Ulmer ist nicht verantwortlich für die Inhalte der im Buch genannten Websites.

Bibliografische Information der Deutschen Nationalbibliothek
Die Deutsche Nationalbibliothek verzeichnet diese Publikation in der Deutschen Nationalbibliografie; detaillierte bibliografische Daten sind im Internet über http://dnb.d-nb.de abrufbar.

Wollgrasweg 41, 70599 Stuttgart (Hohenheim)
E-Mail: info@ulmer.de
Internet: www.ulmer-verlag.de
Lektorat: Alessandra Kreibaum, Bettina Brinkmann
Herstellung: Barbara Feistenauer, Ulla Stammel
Umschlag-Konzeption: Ruska, Martíin, Associates GmbH, Berlin
Umschlag-Gestaltung: Verlag Eugen Ulmer
Druck und Bindung: Graphischer Großbetrieb Friedrich Pustet GmbH & Co. KG, Regensburg
Printed in Germany

ISBN 978-3-8186-0079-2